Gabler del Zick sc

Der Knopfmacher

Die Knopfmacherin
Der Knopfmacher

Schwaben umspinnt

Monika Hoede
Sandra-Janine Müller

mit Beiträgen von Jürgen Sturma

Augsburg 2021

BEZIRK SCHWABEN

Herausgeber: Bezirk Schwaben
Hafnerberg 10
86152 Augsburg

Begleitband zur Ausstellung „Knopfmacherei" bei der Trachtenkultur-Beratung Bezirk Schwaben im Landauer-Haus, 13.05.2017 bis 03.12.2017

Texte: Monika Hoede,
Sandra-Janine Müller,
Jürgen Sturma

Fotoarbeiten: Walther Appelt, Marloffstein,
Georg Drexel, Krumbach

Lektorat: Helene Weinold, Violau

Gestaltung/Layout: Frank Barth, Bayersried

Druck: müller druck, Krumbach

ISBN 978-3-934113-19-0

Augsburg 2021

Inhalt

Geleitwort

Bezirkstagspräsident

Liebe Leserinnen und Leser,

das Bewährte und Alte liegt im Trend. Auch in Bayerisch-Schwaben erlebt traditionelle Handarbeit eine Wiedergeburt im „Do it yourself"-Gedanken, zu Deutsch: „Mach es selbst." Ein Beispiel dafür ist das Knopfmacher-Handwerk: Nach einer Blütezeit vom 17. bis zum 19. Jahrhundert geriet das Metier der Knopfmacherin beziehungsweise des Knopfmachers in Vergessenheit. Dank der Anstrengungen einiger Engagierter wie der Trachtenkultur-Beratung hat die Knopfmacherei nun wieder Liebhaberinnen und Liebhaber gefunden. Noch mehr Menschen für das Handwerk zu begeistern, ist das Ziel dieser Publikation.

Im Jahr 2000 begann die Trachtenkultur-Beratung des Bezirks Schwaben bereits mit intensiven Forschungen zur Knopfmacherei und entdeckte den kreativen Wert der Handwerkstechniken neu. Die gewonnenen Erkenntnisse wurden bald in erste Niederschriften und Kurse umgesetzt. So gewannen die Knöpfe schnell Fans. 2014 entstand die Publikation „Posamentenknöpfe" mit ausführlichen Anleitungen auf Basis historischer Vorbilder. Die Resonanz war groß, bis 2021 wurden mehr als 4 000 Exemplare verkauft.

Das Hauptanliegen war und ist dabei stets, das Handwerk zu bewahren. Knopfmacher/-innen durchliefen früher eine mehrjährige Berufsausbildung. Um auch in Zukunft das hohe Niveau des alten Handwerks sicherzustellen, können Interessierte bei der Trachtenkultur-Beratung seit 2016 das Knopfmacher-Zertifikat erwerben. Die Absolventinnen und Absolventen bieten oft ebenfalls Fortbildungskurse an und tragen so dazu bei, die Knopfmacherei über die Grenzen Schwabens bekannt zu machen.

Der Band, den Sie nun in den Händen halten, entstand 2020 im Rahmen der Wanderausstellung „Knopfmacherei" der Trachtenkultur-Beratung. Er bietet somit den aktuellen Wissenstand über das Handwerk und wird der Knopfmacherei hoffentlich weitere Fans bescheren. Ich wünsche Ihnen beim Lesen dieses weiteren Grundlagenwerkes unserer Kulturabteilung viel Freude, Inspiration und interessante Erkenntnisse!

Herzlichst

Martin Sailer
Bezirkstagspräsident

Knopfmacherei
Fig. 2.

Vorwort

Vom Wiederfinden der Knöpfe

Zahlreiche Posamentenknöpfe begegneten mir seit etwa 1987 in Hessen an Schwälmer Trachtenjacken. Sie nachzuarbeiten war mir eine Freude. Sobald ich die Technik beherrschte, verlor ich die textilen Knöpfe erst mal aus den Augen. Als Trachtenberaterin beim Bezirk Schwaben sollte ich ihnen Jahre später wieder begegnen.

Im Jahr 2000 fand der zweite schwäbische Trachtenmarkt im Landauer-Haus in Krumbach statt. Einer der angereisten Aussteller war der Weber Udo van der Kolk. Er wurde von Erwin Roth begleitet, einem weiteren Liebhaber alter Handwerkstechniken. Dieser führte die Knopfmacherei vor, wie er sie in der Schwalm bei Trachtennäherinnen noch kennengelernt hatte. Für mich neu war die Verwendung eines Nagelbohrers als Haltewerkzeug, das die Knopfherstellung erleichtert. Erwin Roth hatte sich von einem der letzten Schwälmer, der noch Rohlinge drechselte, Knopfformen anfertigen lassen. Rohlinge, Knöpfe und Präsentation kamen auf dem Markt so gut an, dass ich Erwin einlud, einen Kurs zum Knöpfemachen bei der Trachtenkultur-Beratung anzubieten.

Da auch an Rieser Westen Posamentenknöpfe zu finden sind, war eine Verbindung nach Schwaben geknöpft. Außerdem konnte die Trachtenberatung 2003 eine Weste aus Ottobeuren mit raffinierten, doch in der Machart klassisch schlichten Knöpfen für das Textilarchiv ankaufen. Immer mehr Techniken konnten wir so erarbeiten, die erste Broschüre „Posamentierknöpfe aus schwäbischen Sammlungen – umwickelt, umwebt, umstickt" entstand 2003 und verkaufte sich in mehreren Auflagen sehr gut.

Durch den Gredinger Trachtenmarkt kam der Kontakt zum Volkskundler Jürgen Sturma aus Niedersachsen hinzu, dem es ebenfalls ein großes Anliegen ist, traditionelle Handwerkstechniken möglichst authentisch zu erhalten. Seine regionalen Knopfvorbilder stellten mich vor gänzlich neue Herausforderungen. Bisher waren mir die „Gestochenen Knöpfe" mit Gimpe noch nicht begegnet. Die Lösung zum Rätsel ihrer Herstellung offenbarte sich mir, als ich anfing, die historischen Beiträge zur Knopfmacherei in Diderots Enzyklopädie aus dem Französischen zu übersetzen. Diese Vorarbeiten zu der von mir geplanten Publikation waren sehr aufschlussreich. 2014 war es so weit: Das Buch „Posamentenknöpfe" erschien. Mit dem Schwerpunkt auf der Beschreibung der Herstellung der Knöpfe wurde es ein Klassiker.

Die Ausstellung „Knopfmacherei. Geschichte der Knopfmacherei, Tracht und Mode mit Posamentenknöpfen, Knöpfe und Verknopftes heutiger Knopfmacher" wurde 2017 vom 13. Mai bis zum 2. Dezember im Landauer-Haus gezeigt. Sie sollte die ersten Absolventen des neu entwickelten Knopfmacher-Zertifikats ehren und wurde vom Team der Trachtenkultur-Beratung des Bezirks Schwaben zusammengestellt. Dazu gehörte auch Sandra-Janine Müller, eine der Knopfmacherinnen der ersten Stunde. Sie trägt mit ihrer Posamentenknopf-Manufaktur wesentlich zur Verbreitung der Knopfmacherei bei.

Ich bin dankbar, dass wir das Jahr 2020 nutzen durften, um die Ausstellungstexte zu überarbeiten und zu erweitern. So konnten wir die Wanderausstellung zur Knopfmacherei und deren Begleitbuch „Schwaben umspinnt. Die Knopfmacherin – Der Knopfmacher" erstellen. Möge es viele weitere Knopfmacherinnen und Knopfmacher in ihrem Tun anregen.

M. Hoede

Monika Hoede, Trachtenberaterin
beim Bezirk Schwaben

Krumbach, den 21. Januar 2021

Knopfmacherei: ein Handwerk

Monika Hoede

Nur der Handwerker, der textile Knöpfe aus Garnen herstellte, wurde früher als Knopfmacher bezeichnet. Hersteller von Knöpfen aus anderen Materialien hatten andere Bezeichnungen. Metallene Knöpfe wurden zum Beispiel von Gold- und Silberschmieden, Gürtlern, Nadlern oder Gießern hergestellt, hölzerne oder beinerne Knöpfe von Drechslern. Die Knöpfe der Knopfmacher waren bis in das 18. Jahrhundert sehr beliebt. Sie sind vor allem an Männerröcken und -westen zu finden. Frauenkleidung wurde häufig geschnürt bzw. mit Haken und Ösen oder Stecknadeln geschlossen.
Trotz der einschränkenden Berufsbezeichnung stellte der Knopfmacher weitere Artikel her: Knopflochgarn, Kordeln, Quasten usw. Um von ihrem Handwerk leben zu können, handelten viele Knopfmacher zusätzlich mit Kurzwaren. Das heute noch existierende Münchner Kaufhaus Beck zeugt von dieser Geschichte: Es wurde einst von einem Knopfmacher gegründet.

Der Bortenwirker und der Knopfmacher

Lithographie von Johann Michael Voltz (1784–1858), um 1830. *Trachtenkultur-Beratung*

Bortenwirker – Posamentierer – Knopfmacher

Drei Handwerkszweige führten die Knopfmacherei aus. Bereits im 13. Jahrhundert stellten Bortenwirker bzw. Bortenmacher unter anderem Knöpfe her. Mit dem Zuzug reformierter Glaubensflüchtlinge bekamen sie von Posamentierern und Knopfmachern Konkurrenz. Ihre Handwerksprodukte waren sehr ähnlich. Posamentierer arbeiteten vornehmlich mit Seide am Bandwebstuhl; niederländische Flüchtlinge brachten diese Kunst seit den 1570er-Jahren in ihre neue Heimat.

Ab 1690 taucht die Berufsbezeichnung Knopfmacher vermehrt auf, die ersten Knopfmacher waren aus Frankreich zugewandert. Sie arbeiteten mit wenigen Hilfsmitteln und schlichten Materialien aus der „freien Hand", denn zur Herstellung der Knöpfe und Besatzartikel für Kleidung und Hüte waren kaum Maschinen oder komplizierte Werkzeuge nötig.

Gegen Ende des 18. Jahrhunderts und spätestens mit der Einführung der Gewerbefreiheit 1869 beeinflusste die Industrialisierung die Knopfproduktion. Metallknöpfe wurden Mode, textile Knöpfe waren immer weniger gefragt; nur einige Posamentenfabriken stellten sie noch her. Heute kennen wir die Knöpfe daher als Posamentenknöpfe, was sie eindeutig von den Knöpfen aus Metall, Perlmutt, Holz und Bein unterscheidet.

Der Bortenwirker und der Knopfmacher.

Der Bortenwirker und der Knopfmacher
Lithographie von Johann Michael Voltz (1784–1858), um 1830.

Der Maler Johann Michael Voltz wurde in der ehemaligen Reichsstadt Nördlingen als Sohn eines Schullehrers geboren. Er begann nach der Schule mit zwölf Jahren oder sogar früher eine Knopfmacherlehre, die er allerdings abbrach, um Zeichnen zu lernen. Die Verhältnisse, die auf der Lithographie dargestellt sind, kannte er daher aus erster Hand.
Fünf Handwerker arbeiten in der Werkstatt: ein Meister mit Lehrlingen und Gesellen. Am Tisch werden Knöpfe und Quasten gearbeitet, im Hintergrund hängen Mustertafeln mit Knöpfen, im Schrank an der Wand werden Spulen mit Garn verwahrt. Vorne links steht ein Drehrad. Ein Lehrling zieht Garn durch das Kravieleisen, mit dessen Hilfe die Fasern geglättet wurden. Neben ihm steht ein Klöppelkissen. Im Raum hinten arbeitet ein Geselle am Bandwebstuhl.
Trachtenkultur-Beratung Bezirk Schwaben, Inv.-Nr. 14/0012

Zünftige Ordnung

Monika Hoede

Seit dem 14. Jahrhundert waren Handwerker zur Sicherung ihres Standes und ihrer Stadt in Zünften organisiert. Auch die Knopfmacher gründeten in größeren Städten Zünfte – in Augsburg 1710, später als in anderen großen Städten.[1] Meist wurden sie wegen mangelnder Anzahl anderen gewerbetreibenden Zünften angegliedert. Posamentierer und Bortenmacher gehörten zur Krämerzunft. Für Knopfmacher als Gewerbetreibende war es rechtlich viel schwieriger, zusätzlich Handel zu treiben. In Mindelheim gehörten der eine aktenkundige Knopfmacher zur Schneider-, Kürschner- und Knopfmacherzunft, die zwei Bortenmacher zur Krämerzunft.[2]

1 Straßburg 1618, Nürnberg 1629, Bremen 1637, Basel 1662, Frankfurt/M. 1684, Wien 1691, Berlin 1698, Augsburg 1710, Kassel 1718, Herzogtum Württemberg/Stuttgart 1719, vgl. Gürtler, Knopfmacher, 1990, S. 132.

2 In der Krämer- und Bortenmacherzunft Mindelheims ist 1823 die Witwe Zezilia Horazek als einziger „Bortenmacher" genannt. Sie beschäftigt zwei Hilfsarbeiter. Neben ihr sind 16 weitere Meister demnach als Krämer Zunftmitglied. 1828 hat Zezilia Horazek drei Gehilfen oder Gesellen und einen Lehrjungen. Ein weiterer Bortenmacher ist Zunftmitglied geworden: Karl Großmann, mit einem Gehilfen oder Gesellen und einem Lehrjungen.
Der Knopfmacher Joseph Anton Anwander hat keine weiteren Mitarbeiter, er gehört zur „Schneider- mit Kirschner- und Knopfmacherzunft", in der 55 Meister organisiert sind.
1858 wurden in Mindelheim keine Knopfmacher bzw. Bortenweber

Zunft-Schild der Posamentierer Bopfingens (?)
Bopfingen (?), 1807.
Zunfttafel, Metall, beidseitig graviert.

Die Vorderseite zeigt typische Arbeiten der Posamentierer, wie sie auch die Knopfmacher herstellten. An einer Banderole mit der Aufschrift „Die Posamentirer alle Zeit/ Schuf Gottes Güttigkeit" hängen vier Kordeln mit Quastenabschluss, rechts und links dazwischen zwei zu Schleifen verschlungene Kordeln. In der Mitte schwebt eine Krone, unter der Krone ist in einem Kranz ein Posamentierer bei der Arbeit am Bandwebstuhl dargestellt.

Der Text auf der Rückseite (siehe Bild auf der Folgeseite) nennt die Stifter: „Schild der Posmantir./ Die Stifter von diesem Schild sind gewessen/ Georg Adam Möllen Ober=Meister/ Georg Mathaeus Enszlen Beysitz=Meister/ Tobias Friedrich Hahn/ Johannes Schüle/ Johann Michael Neher Jung=Meister/ Johann Heinrichs Buttersack Herbergs=Vatter/ Anno 1807."
Stadtmuseum Nördlingen, Inv.-Nr. 371

Rückseite des Zunft-Schildes
Bopfingen (?), 1807

Stadtmuseum Nördlingen

Zünfte bestimmten nicht nur, wer den Beruf offiziell ausüben durfte, sondern regelten auch weitreichend die Belange ihrer Mitglieder. Mitglied zu werden war nicht immer leicht, denn lokale Konkurrenz sollte begrenzt werden. Bürgerrechte und -pflichten waren mit der Zunftmitgliedschaft gekoppelt. Es gab eigene Zunfthäuser oder Herbergen, in denen man sich traf und Zunftordnungen

mehr aktenkundig. Doch im Verzeichnis der Gewerbe- und Gewerbsrechte von 1850 sind noch die zwei Posamentierer Karl Großmann und Xaver Horazeck gelistet, der eine mit Krämerey, der andere mit Handlung. Anton Anwander hat noch die Konzession als Knopfmacher. Bemerkung in den Akten: „Erhielt der verstorbene Vater die Konzession lange vor 1818 und sind diesseits Akten hierüber nicht vorhanden."
StA Mindelheim

festlegte, die unter anderem die Ausbildungsinhalte und -dauer sowie Löhne, Preise und Arbeitszeiten bestimmten. In Notsituationen wurden Meister, Gesellen und deren Familien unterstützt.

Knopfmacher hatten eine längere Lehr- und Gesellenzeit, als wir es heute kennen. Je schlechter die wirtschaftliche Situation der Knopfmacher wurde, desto länger dauerte die Ausbildung; in Augsburg z.B. bis 1726 vier Jahre, danach erhöhte sie sich um ein Jahr. Falls der Lehrling kein Lehrgeld zahlen konnte, musste er noch ein Jahr länger bleiben. Ein Knopfmachergeselle musste vier Jahre wandern, um in anderen Werkstätten seine Technik zu verbessern, bevor er die Meisterprüfung ablegen konnte.

Gebrechliche Personen konnten ihre Wanderzeit vor Ort ableisten, mussten allerdings bei einem oder zwei weiteren Meistern in die Lehre gehen. Es wurde toleriert, dass weibliche Familienangehörige eines Knopfmachers Knöpfe machten.[1] Witwen war es wie in fast allen anderen Handwerken auch erlaubt, die Profession ihres Mannes weiterzuführen. Neben Frauen fanden häufig auch ehemalige Soldaten und „Gebrechliche“ als Knopfmacher ihr Auskommen. Waren sie keine Zunftmitglieder, galten sie als „Stümper“, „Störer“ bzw. „Pfuscher“ und stellten eine nicht unerhebliche Konkurrenz und ein Ärgernis für die Zünfte dar.

1 In der Augsburger und Ulmer Knopfmacherzunft durften Frauen als Mitglieder des Haushaltes Knöpfe machen, obwohl sie keine Zunftmitglieder waren.

Von Oettingen in die Welt

In Oettingen befanden sich die Handwerker in der zweiten Hälfte des 18. Jahrhunderts in einer brenzligen Situation. Es gab zu viele Meister, die sich gegenseitig Konkurrenz machten. Dies wurde noch dadurch verstärkt, dass zu viele von deren Söhnen das Handwerk bei ihren Vätern lernten. Wenige nutzten zudem die Weiterbildungsmöglichkeiten durch Wanderschaft in andere Städte, die meisten blieben lieber in ihrer Heimatregion.

Um diesen Missstand zu verbessern und der Not der Handwerker Abhilfe zu schaffen, erließ Fürst Johann Aloys zu Oettingen (1758–1797) im Jahre 1785 eine Wanderordnung.[1] Diese schrieb unter anderem die Anzahl der Wanderjahre vor. Knopfmachergesellen mussten in der Regel vier Jahre wandern, Söhne von Meistern ein Jahr weniger. „Auf der Walz" konnte der Geselle seinen Horizont erweitern und neue Kenntnisse erwerben.
Um größere Anreize zur Wanderschaft zu bieten, legte die Ordnung zudem bestimmte Reiseziele fest, die den Gesellen deutliche Vergünstigungen brachten. Kürzere Gesellenzeit und weniger Meistergeld sollten zum Aufbruch in die Fremde motivieren.

1 In der Wanderordnung werden Knopfmacher neben Bortenwirkern genannt, jedoch keine Posamentierer. Zur Wanderordnung siehe Michael Stürmer, Herbst des alten Handwerks, 1986, S. 211–218 und Ortloff, Johann Andreas: Corpus iuris opificiarii, oder Sammlung von allgemeinen Innungsgesetzen und Verordnungen für die Handwerker. Erlangen 1803, S. 419–433.

Wenn Oettinger Knopfmacher ihre Heimat verließen, um bis nach England zu wandern und dort zwei Jahre bei berühmten Meistern zu arbeiteten, wurden ihnen nicht nur die übrigen Wanderjahre erlassen, sondern sie wurden auch komplett vom Meistergeld befreit. Falls die Wanderschaft in die Städte Augsburg, München, Nürnberg oder Frankfurt führte, wurden ihnen immerhin zwei Wanderjahre als drei angerechnet. Außerdem hatten sie nur die Hälfte des Meistergeldes zu zahlen.

Den ebenfalls genannten Bortenwirkergesellen wurden die Wanderorte London, Lion, Paris, Genua, Weißenburg und Rothenburg anempfohlen.

Fälschungssicherer Ausweis

In der hier abgebildeten ‚Kundschaft' von 1803 attestiert die Würzburger Zunft der Posamentierer und Seidenstricker Friedrich Brechenmacher, dass er nach einem halben Jahr Gesellenzeit in Würzburg weiterwandert. Wahrscheinlich handelt es sich um jenen Georg Friedrich Brechenmacher, der 1819 im Nördlinger Adressbuch als Bortenmacher in Lit.D, Nr. 27, der heutigen Eisengasse Nr. 2, gelistet ist. 1834 war er laut Adressbuch jedoch als Posamentierer und Handelsmann tätig.[1]
Typische Arbeiten der Würzburger Posamentierer werden in der Kundschaft aufgeführt: goldene und silberne Tressen, Borten, Bänder, Quasten, Krepinen (Blüten und Blätter aus Drahtspiralen mit Lahn oder Seidenüber-

Wir geschworne Ober-Meister und sämmtliche bürgerliche Posamentirer und Seidenstricker, Gold- Silber- Tressen- Borten- Band- Quasten- Krepin- Franzen- Knöpf- Hand- und Stuhl-Arbeiter der hochfürstlichen Haupt- und Residenzstadt Wirzburg, des Herzogthums Franken, thun kund und bezeugen hiemit kraft dieses, daß der ehrbare Gesell, Namens [illegible] von [illegible] so 25 Jahre alt, von Statur [illegible] und [illegible] Haaren ist, bey unserm Mitgenossen, Meister [illegible] Monat in Arbeit gestanden, und sich solcher Zeit getreu, fleißig, stille und friedsam, wie es einem ehrliebenden Gesellen gebühret und wohl anstehet, verhalten, nun aber sein Glück weiter zu suchen bey uns vorgebracht. Gelanget demnach an alle ehrliche unserer Zunft zugethane Meister und Gesellen unser freundlicher Gruß und günstiges Bitten, obbenannten [illegible] als einen ehrlichen Gesellen auf- und anzunehmen, ihm auch alle Ehre und Beförderung zu erweisen; welches wir gegen einen jeden von den Ihrigen dankbar zu verschulden so bereit als beflissen seyn werden. Zu wahrer Urkunde dessen haben wir dieses Attestat mit Unterdruckung unsers gewöhnlichen Handwerks-Insiegels und beyder Geschwornen Namens-Unterschrift bekräftigen wollen. So geschehen Wirzburg den [illegible]

Ober-Geschworner | Unter-Geschworner

Kundschaft für Friedrich Brechenmacher, 1803

Friedrich Brechenmacher war zumindest von 1819 bis 1834 in Nördlingen als Bortenmacher bzw. Posamentierer ansässig. Laut dieser Kundschaft hat er 1803 sechs Monate in Würzburg „in Arbeit gestanden".
Stadtmuseum Nördlingen

1 Adressbuch, Nördlingen 1819 und 1834, im Adressbuch von 1856 nicht mehr genannt.

wicklung), Fransen, Knöpfe, aus der freien Hand gefertigt oder am Bandwebstuhl gewebt.

Das Dokument ziert eine Ansicht von Würzburg. Der wandernde Geselle hatte es als Nachweis über seine Tätigkeit, seine Zunftmitgliedschaft und sein Wohlverhalten ständig mit sich zu führen. Mit den anderen Papieren des Gesellen wurden seine bisherigen Kundschaften bei Arbeitsbeginn in der Zunftlade hinterlegt und hinderten ihn so, heimlich den Arbeitsort zu verlassen, denn ohne Kundschaft war es Gesellen kaum möglich, Arbeit zu finden.

Handwerkssiegel der Posamentierer Würzburgs, 1803
Würzburg, 1803.

Das Handwerkssiegel findet sich unter der Kundschaft des Friedrich Brechenmacher.
Stadtmuseum Nördlingen

Der Wortlaut einer Kundschaft war seit der Reichshandwerksordnung von 1731 genau vorgeschrieben. Es handelte sich um ein Ausweisdokument. Der großformatige aufwendige Druck sollte Fälschungen der Kundschaft verhindern. Um 1810/1820 wurden die Kundschaften in den meisten Städten von Wanderbüchern abgelöst, in denen die Stationen der Wanderschaft von der Polizeibehörde bestätigt wurden.

Wir geschworne Ober=Meister und sämmtliche
bürgerliche Posamentirer und Seidenstricker, Gold - Silber - Tressen - Borten - Band- Quasten- Krepin- Franzen- Knöpf- Hand- und Stuhl-Arbeiter der hochfürstlichen Haupt- und Residenzstadt Wirzburg, des Herzogthums Franken, thun kund und bezeugen hiemit kraft dieses, daß der ehrbare Gesell, Namens *Friederich Brechenmacher* von *Hüengen* so *25* Jahre alt, von Statur *goßen* und *braun* Haaren ist, bey unserm Mitgenossen, Meister *Johann Krieger* *6* Monat in Arbeit gestanden, und sich solcher Zeit getreu, fleißig, stille und friedsam, wie es einem ehrliebenden Gesellen gebühret und wohl ansteht, verhalten, nun aber sein Glück weiter zu suchen bey uns vorgebracht. Gelanget demnach an alle ehrliche unsrer Zunft zugethane Meister und Gesellen unser freundlicher Gruß und günstiges Bitten, obbenannten *H: Brechenmacher* als einen ehrlichen Gesellen auf- und anzunehmen, ihm auch alle Ehre und Beförderung zu erweisen: welches wir gegen einen jeden von den Ihrigen dankbar zu verschulden so bereit als beflissen seyn werden. Zu wahrer Urkunde dessen haben wir dieses Attestat mit Unterdruckung unsers gewöhnlichen Handwerks-Insiegels und beyder Geschwornen Namens-Unterschrift bekräftigen wollen. So geschehen Wirzburg den *Siebenzehnden julli 1803*

Ober-Geschworner *Philipp Vahler* Unter-Geschworner *Jacob Jos: Goldmayer*

contrasignirt

Kundschaft für Friedrich Brechenmacher, 1803
Nördlingen
Kupferstich, Typendruck, handschriftlich, 36,0 x 43,2 cm

„Wir geschworne Ober-Meister und saemmtliche / buergerliche Posamentirer und Seidenstricker, Gold- Silber- Tressen- Borten- Band- / Quasten- Krepin- Franzen- Knoepf- Hand- und Stuhl-Arbeiter der hochfuerstlichen Haupt- und Residenzstadt Wirzburg, des Her- / zogthums Franken, thun kund und bezeugen hiemit kraft dieses, daß der ehrbare Gesell, Namens *Friederich Brechenmacher* / von *Hüengen* [?], so *25* Jahre alt, von Statur *goßen* und *braun* Haaren ist, bey unserm Mitgenossen, Meister *Johann Krieger* [?] / 6 Monat in Arbeit gestanden, und sich solcher Zeit getreu, fleißig, stille und friedsam, wie es einem ehrliebenden Gesellen ge- / bühret und wohl ansteht, verhalten, nun aber sein Glueck weiter zu suchen bey uns vorgebracht. Gelanget demnach an alle ehrliche unserer / Zunft zugethane Meister und Gesellen unser freundlicher Gruß und guenstiges Bitten, obbenannten *H: Brechenmacher* als einen / ehrlichen Gesellen auf- und anzunehmen, ihm auch alle Ehre und Befoerderung zu erweisen: welches wir gegen einen jeden von den Ihri- / gen dankbar zu verschulden so bereit als beflissen seyn werden. Zu wahrer Urkunde dessen haben wir dieses Attestat mit Unterdruckung / unsers gewoehnlichen Handwerks-Insiegels und beyder Geschwornen Namens-Unterschrift bekraeftigen wollen. So geschehn Wirz- / burg, den *Siebenzehnden julli 1803* / Ober-Geschworner / *Philipp Vahler* [?] / Unter-Geschworner / *Jacob Jos: Goldmayer.* / contrasignirt / *A W Gett. [?] / Oberraths Secretarius.*" Handschriftliche Einträge sind kursiv dargestellt.
Stadtmuseum Nördlingen, Inv.-Nr. 9504

Schützenhorn für leichte Infanterie und Jäger
München, 1. Hälfte 19. Jahrhundert

Zweiwindiges Horn,
grüne Banderole mit Quasten.

1804 führte man für Schützen- und Jägerkompanien Signalhörner ein, die bis 1856 in Gebrauch blieben. Auf dem Schalltrichter ist der Hersteller eingepunzt: G: OTTENSTEINER A. MÜNCHEN.
Bayerisches Armeemuseum, Inv.-Nr. N 1416

Meisterschaft

Die Württemberger Knopfmacherordnung, die von 1719 bis 1830 Gültigkeit hatte, ist überliefert.[1] Aus ihr geht hervor, welche Voraussetzungen ein Knopfmachergeselle zu erfüllen hatte, um Meister werden zu können. Er musste während vier Jahren auf Wanderschaft und zwei weiteren Jahren bei einem Meister Berufserfahrungen gesammelt haben. Söhne von Meistern mussten die sogenannten „Sitzjahre" an einem Ort nicht leisten. In der Prüfung waren drei Meisterstücke zu fertigen: eine Banderole für eine Trompete, eine goldene Schleife mit Franse (ein Posamentenbesatz, der z.B. Hüte zierte) und eine Garnitur Knöpfe für einen Männerrock.

Die Meisterprüfung kostete Geld. Für Anmeldung, Meistergeld nach bestandener Prüfung, Einschreibung ins Meisterbuch sowie eine Spende an den Zunftmeister und den Obmann mussten in Württemberg Anfang des 18. Jahrhunderts insgesamt zehn Gulden gezahlt werden.

1 Siehe Schramm, Die deutsche Knopfindustrie, 1921, S. 13–18.

Knopfmacherei in evangelischen Regionen

Monika Hoede

Die bis in das 20. Jahrhundert aktiven Knopfmacher in evangelischen Regionen hätte es ohne die reformierten Glaubensflüchtlinge aus Frankreich so wahrscheinlich nie gegeben. Unter ihnen waren viele Kleingewerbler. Sie gaben dem Textilhandwerk starke Impulse. In Frankreich wird dieser Verlust an Handwerkskunst heute noch empfunden. Ab Mitte des 18. Jahrhunderts waren die sogenannten Hugenotten so assimiliert, dass sie die französische Sprache kaum noch verstanden. Daher sind die Zusammenhänge zwischen der Einwanderung der Glaubensflüchtlinge und der Blüte einzelner Handwerkszweige in Vergessenheit geraten.

Es fällt auf, dass ländliche Regionen, in denen Posamentenknöpfe bis in das 19. und sogar 20. Jahrhundert hinein zu den charakteristischen Elementen der Tracht gehörten, protestantisch sind. Die Kleidung der Protestanten ist meist konservativer als die der Katholiken. Viele historische Handwerkstechniken wurden an ihren Trachtenstücken jahrhundertelang angewendet – für Kleidungskundler erschließen sich daraus spannende Zusammenhänge.

Trachten der Protestanten in Oettingen
Aquarell, um 1852/53.

König Maximilian II. hatte nicht zuletzt aus politischen Gründen ein starkes Interesse an den in Bayern getragenen Trachten. Auf seine Veranlassung wurden 1852 von den Regierungsbezirken zu den noch vorhandenen Trachten Berichte samt Bildern angefordert. Der Maler der beiden Oettinger Aquarelle Gloning war vermutlich Rechtspraktikant in Oettingen.*
Museum Oberschönenfeld

Knopfmacher im Ries

Das Ries ist die nördlichste Region Bayerisch-Schwabens. Hier lebten Katholiken und Protestanten mehr oder weniger einträchtig neben- und miteinander. Ihre Religionszugehörigkeit zeigten sie über ihren Kleidungsstil. Posamentenknöpfe zierten bis in das 20. Jahrhundert protestantische Männerwesten aus gemustertem Samt. Katholiken bevorzugten Silberknöpfe. Im 19. Jahrhundert waren Posamentenknöpfe auch an Frauenspenzern zu finden.

Nördlingen

Im Stadtarchiv Nördlingen finden sich neben einem Brief an den Knopfmacher Vertsch vom 23. Mai 1736 in einer Akte mit der Laufzeit 1686 bis 1799 weitere Hinweise auf Knopfmacher. So fürchtet etwa Anna Maria Breitterin in einem 1700 aktenkundig gewordenen Streitfall, dass ihr der Knopfmacher und Seidensticker Rittberger das „Camel-hahr-Trehen" verbieten wolle.[1]

Außerdem sind in den fünf Adressbüchern Nördlingens aus dem 19. Jahrhundert mehrere Knopfmacher zu finden. 1806 waren ein Bortenmacher, fünf Knopfmacher

* Kilian: Blicke auf das Ries, S. 50 und S. 58f.

1 Hinweis von Dr. Wilfried Sponsel, Stadtarchiv Nördlingen, Brief vom 27.07.2007.

und eine Knopfmacherwitwe Nördlinger Bürger.[1] 1819 war ein Bortenmacher hinzugekommen, drei Knopfmacher und zwei Knopfmacherwitwen werden noch geführt.[2] Im Adressbuch von 1834 ist Johann Balthas Gärtner neu aufgezählt, der Bortenmacher Georg Friedrich Brechenmacher nennt sich nun Posamentierer.[3] 1856 und 1876 gehen noch die zwei Knopfmacher Karl Wenng und Christoph Brackenhofer und der Posamentierer Friedrich Salfner in Nördlingen ihrem Beruf nach.

Zu den drei letzten Nördlinger Knopfmacherfamilien sind einige Lebensdaten und -umstände bekannt.

Knopfmacher, Kleinuhrmacher und Großhauser

In den ersten vier Adressbüchern findet sich die Knopfmacherfamilie Mötzel. Über die Schwäbischen Hochzeitsbücher[4] lassen sich zumindest drei Knopfmacher namens Mötzel nachweisen, die weiteren durch Familienbögen greifbaren Generationen sind eher Händler bzw. Kaufmänner. Tobias Friedrich Mötzel heiratete am 08.07.1760 Sophia Louise Dürrwanger; 34 Jahre später Michael

Trachten der Katholiken in Oettingen
Aquarell, um 1852/53.

Museum Oberschönenfeld

1 Bortenmacher Georg Arnold, die Knopfmacher Michael Friedrich Mötzel, Johann Conrad Schmetzer, Daniel Friedrich Käßbohrer (er heiratete am 16.02.1790 Friederike Caroline Scherer), Georg Marzell Wenng, Adam Friedrich Voltz und die Witwe von Christian Friedrich Käßbohrer, er heiratete 1776 Frieda Dehler.

2 Bortenmacher Georg Friedrich Brechenmacher, die Knopfmacher Mötzel, Käßbohrer, Voltz und die Witwen Wenngs und Schmetzers. Georg Marzel Wenng heiratete am 14.08.1810 Jungfrau Blatzer, Johann Conrad Schmetzer am 27.01.1784 Jungfrau Stemmer.

3 Zu Brechenmacher siehe auch Seite 17 bis 19.

4 Publiziert über CDs und DVDs durch den Bayerischen Landesverein für Familienkunde e.V.

Gloning: „Trachten der Protestanten im Bezirke der Koenigl: Gerichts und Polizeibehoerde Oettingen."
Aquarell, um 1852/53

Die Frauen werden in Vorder- und Rückansicht gezeigt, sodass Details zu Röcken, Spenzern und Hauben gut zu erkennen sind. Jeweils zwei Männer zeigen die Tracht der älteren (rechts) und jüngeren (links) Oettinger.
Auf dem Bild mit den Trachten der Protestanten trägt die sitzende Frau links die konservative festliche Abendmahlstracht mit Florradhaube. Die Frauenspenzer haben im Rücken ab der Taille über den Rock ragende lange Schneppen, der Knopfverschluss ist nicht zu erkennen. Die schweren sogenannten Wolkenröcke sind in einem aufwendigen Verfahren großflächig mehrfarbig bedruckt. Die Bandhauben wirken vor allem in der Rückansicht. Bei den Knöpfen an den Männerwesten handelt es sich um Posamentenknöpfe.
Museum Oberschönenfeld, Inv.-Nr. 025081

Gloning: „Trachten der Katholiken im Bezirke der Koenigl: Gerichts und Polizeibehoerde Oettingen."
Aquarell, um 1852/53

Die Taillen sitzen bei den katholischen Frauen höher, die Spenzer sind folglich kürzer, die Schneppen im Rücken nur angedeutet. Die bis zum Saum gefältelten roten bzw. hellorangen Röcke sind länger als die der Protestantinnen. Die Männer tragen Westen mit Silberknöpfen, die Knopflöcher sind beidseitig zur Zierde lang ausgestickt. Am Rock des älteren Mannes sitzen die großen Silberknöpfe sehr dicht, seine hochgeschlagenen Schaftstiefel fallen auf. Der Bursche trägt die modische kurze Jacke mit Pelzkappe.
Museum Oberschönenfeld, Inv.-Nr. 025080

Friedrich Mötzel am 22.04.1794 Margaretha Caroline Lohmüller. In den Adressbüchern Nördlingens wird Michael Friedrich Mötzel 1806 mit der Hausnummer Lit. C, Nr. 184b (heute Lederergasse 3) aufgezählt und ist außerdem Kleinuhrmacher und Großhauser, d.h. Großhändler.[1] 1819 lebt dort noch seine Witwe, 1834 laut den Adressbüchern Sohn Johannes Mötzel.[2] Er heiratete wahrscheinlich zweimal, am 18.04.1820 Benigna Friedericke Lippacher und verwitwet am 05.04.1836 Magdalena Rosina Stang. Laut Familienbogen seines Sohnes aus erster Ehe, des Kaufmanns Johann Daniel Friedrich (12.12.1824, Nördlingen – 22.03.1893, Nördlingen)[3], ist er Handelsmann; Knopfmacher wird nur im Adressbuch als Beruf genannt.

Knopfmacher oder Posamentierer

Knopfmacher Georg Marcell Wenng (24.7.1781–5.9.1861) wird 1806 und 1819 in den Adressbüchern geführt, er heiratete 1810 Friederike Blatzer und musste 1812 seinen Hausstand auflösen und zur Miete in das Haus Lit. C Nr. 5 in die Baldingerstraße (heute Nr. 10) umziehen.[4]

Katze
Nürnberg, um 1780

Die Katze spielt mit Garnresten in der Werkstatt eines Bortenwirkers (siehe S. 29).
Monika Hoede, Kirchheim

1 Großhauser ist ein wenig gebräuchlicher Begriff für Großhändler, vgl. Deutsches Wörterbuch von Jacob und Wilhelm Grimm, Leipzig 1935. Bd. 9, Sp. 541f.

2 Adressbücher Nördlingens 1806, 1819, seine Witwe lebte laut dem Adressbuch von 1856 auch noch im Postgäßlein.

3 Familienbogen des Kaufmanns Johann Daniel Friedrich Mötzel.

4 Bekanntgabe des Umzugs in der ZS Nördlingisches Intelligenz- und Wochenblatt Nro. 30 vom 24.07.1812. Bereits der Vater Gottfried Marcell Wenng (19.04.1746, Nördlingen – 26.11.1815, Nördlingen, Ehefrau Jakobina Keßler, Hochzeit 12.07.1774, Nördlingen) war Knopfmachermeister, Georg Marcell Wenng war das vierte Kind (24.07.1781, Nördlingen, bis 05.09.1861, Nördlingen, Ehefrau Friederike Margarethe Blatzer, Hochzeit am 14.08.1810, Nördlingen).

Sein Sohn Karl August Wenng lebt noch 1876 im selben Haus. Laut seinem Familienbogen ist er Posamentierer, in der Hochzeitsanzeige nennt er sich jedoch Knopfmachermeister.[1] Seine Tochter Margarethe Friederike (geb. 1846 in Nördlingen) heiratete 1877 den Kurzwarenhändler Jakob Friedrich Eckhardt.

Erfolgreicher Knopfmacher

Christoph Friedrich Brackenhofer (12.09.1812–10.06.1890) war vermutlich der letzte Knopfmacher in Nördlingen. Er muss sehr engagiert und ehrgeizig gewesen sein, wie mehrere Beiträge im Nördlinger Wochenblatt zeigen. Bemerkenswerterweise blieb er bei der Berufsbezeichnung Knopfmacher. Seine Werkstatt war von 1845 bis zu seinem Lebensende in der Judengasse, Lit. D, Nr. 19 (heute Judengasse 9). Sein Vater Heinrich Brackenhofer war Handelsmann, die Mutter hieß Friedericke Wolf. Er heiratete zweimal, am 31.07.1838 Emma Auguste Tuffentsamer und am 24.04.1868 die 20 Jahre jüngere Katherine Frisch, (02.10.1832 Goldburghausen – 06.10.1910, Öttingen). Vermutlich hatte er keine Nachfahren.

Im Haus in der Judengasse 9 lebte und arbeitete Christoph Friedrich Brackenhofer von 1845 bis zu seinem Lebensende 1890.

Die „Knopfmacherswitwe" Katherine Brackenhofer verkaufte es 1896, sie starb 1910 in Öttingen. *Bildquelle: Stadt Nördlingen, Stadtbauamt*

1 ZS Wochenblatt der Stadt Nördlingen Nro. 47 vom 18.11.1845, S. 7. – Stadtarchiv Nördlingen, Familienbogen Karl August Wenng (05.10.1813, Nördlingen – 11.09.1886, Nördlingen, Hochzeit 11.11.1845, Ehefrau Rosine Marie Rommel, 30.01.1816, Oettingen – 14.03.1890, Nördlingen)
Tochter Margarethe Friederike (21.10.1846, Nördlingen, Hochzeit 22.10.1877 mit Jakob Friedrich Eckhardt, Kurzwarenhändler).

Porträtfoto des Posamentierers Johann Friedrich Salfner
(1811–1884) von 1868

Er war Ehrenmitglied des 1825 gegründeten Nördlinger Musik- und Gesangvereins. Entnommen aus einer Zusammenstellung von Porträtfotos aller Mitglieder, Stand 1. Mai 1910.
Stadtmuseum Nördlingen, Inv.-Nr. 1954

Seine Schwester Laurentia Friederike Brackenhofer (07.02.1807–27.07.1836, Nördlingen), heiratete am 28.04.1835 den aus Treuchtlingen zugereisten Posamentierer Johann Friedrich Salfner (08.10.1811, Treuchtlingen – 04.03.1884, Nördlingen) und starb bereits ein knappes Jahr später. Der Vater Johann Andreas Salfner war ebenfalls Posamentier. Johann Friedrich Salfners Band-, Garn- und Posamenterie-Waaren-Geschäft in der Lit. A Nr. 173 (der heutigen Polizeigasse 1) wird noch im Adressbuch von 1876 gelistet.

Oettingen

Der Umbruch vom Bortenwirker zum Knopfmacher ist bei der Recherche im Oettinger Stadtarchiv deutlich zu spüren. Bortenwirker werden häufig im 17. Jahrhundert, weniger im 18. Jahrhundert und sehr selten im 19. Jahrhundert genannt. Der erste Knopfmacher wurde in Oettingen 1690 als Bürger aufgenommen. Es ist zu vermuten, dass er hugenottischer Abstammung war.[1] Ab diesem Zeitpunkt werden zahlreiche weitere Knopfmacher aktenkundig.

Die ersten erwähnten Knopfmacher sind ab 1690 zu finden, möglicherweise waren sie hugenottischer Abstammung: Jacob Christoph Weißbrod aus Vaihingen/Ens – als Bürger aufgenommen 1690, Johann Sebastian Molitor – aufgenommen 1708, Otto Bodenburg aus Ulm (Otto Christoph Badenburg Eheschließung 1758) – aufgenommen 1725, Friedrich Jacob Weissbrod (Jacob Friedrich

1 Sämtliche archivalischen Angaben aus Oettingen verdanke ich Dr. Petra Ostenrieder, Stadtarchiv und Stadtmuseum Oettingen.

Weisbrod, Eheschließung 28.01.1696, Todesjahr 1743) – aufgenommen 1725, Michael Schauer aus Wien (Johann Michael Schauer) – aufgenommen 1728, Josef Judas Tha Wünsch aus Ellingen (Josef Thaddaeus Winsch, Todesjahr 1792) – aufgenommen 1736.

Lediglich zwei Knopfmacher (Georg Schürer und Johann Georg Heß) werden in der Zunftauflistung von 1805 genannt, die sonst keine Knopfmacher enthält.

Womöglich handelt es sich bei den Oettinger Knopfmachern Namens Schürer um eine Familie: Der Knopfmacher Johann Ludwig Schürer heiratete 1708 und verstarb 1762. 34 Jahre später (1796) wird Johann Georg Schürer aus Harburg als Bürger aufgenommen. Er ist in der Zunftauflistung 1805 aufgezählt. Laut dem Wochen-Blatt für das Fürstenthum Oettingen Spielberg war er Knopfmachermeister, Landwehrhauptmann und ab 1827 Bürgermeister, 1837 verstarb er.[1] Baltas Schürer wurde 1814 und Johann Georg Schürer 1820/21 als Bürger Oettingens aufgenommen, beide waren ebenfalls Knopfmacher und vielleicht die Söhne von Johann Georg Schürer.

Knopfmacher Georg Gottlieb Hess wurde 1780 als Bürger aufgenommen und verstarb 1814, Johann Georg Heß wird in der Zunftauflistung von 1805 genannt, möglicherweise ein Sohn. Weitere Knopfmacher des 19. Jahrhunderts sind Christian Wilhelm Beyhl und Johann Gottlieb Husel, der eine 1823, der andere 1834 als Bürger aufgenommen. Drei Posamentierer namens Hahn wurden ebenfalls als

Der Bortenwürker
Nürnberg, um 1780

Kolorierter Kupferstich, gezeichnet von Ambrosius Gabler (1762–1834, Nürnberg), gestochen von F.A. Annert.

Im Hintergrund an den Fenstern arbeitet der Bortenmacher am Bandwebstuhl mit auffällig vielen, nämlich 16 Tritten. Damit kann er sehr aufwendig gemusterte Bänder weben. Hinter ihm steht ein Schärgatter zum Anschweifen der Kette. In der Schubladenkommode mit Regal darüber im Vordergrund werden Materialien aufbewahrt. Seine Mitarbeiterin spult Spulen am Spulrad, der Garnstrang ist auf einer Haspel aufgespannt. An den Wänden und auf der Kommode finden sich Quasten und Kordeln, die von den Bortenmachern ebenfalls hergestellt wurden.
Monika Hoede, Kirchheim

1 Wochen-Blatt für das Fürstenthum Oettingen Spielberg. 7. August 1827 und 21. November 1837.

Troddelkappe
Ries, um 1880

Hauptzierde der im Ries Troddelkappe genannten Feierabendkappe ist der Posamentenbesatz.
Museum KulturLand Ries, Inv.-Nr. 13895

Troddelkappe
Ries, um 1870 (Abb. rechts)

Der Deckel ist in Patchwork-Technik gestaltet. Vier Quadrate aus Samtplüsch bilden das Zentrum.
Museum KulturLand Ries, Inv.-Nr. 2324

Der Bortenwürker
Nürnberg, um 1780

Kolorierter Kupferstich, gezeichnet von Ambrosius Gabler (1762–1834, Nürnberg), gestochen von F.A. Annert.

Bürger aufgenommen: Wilhelm Hahn 1809, Johann Konrad Hahn 1814 und Joh. Ad. Friedr. Hahn 1828. Der letzte Nachweis für einen in Oettingen ansässigen Knopfmacher ist der Eintrag des Knopffabrikanten Karl Wilhelm Hering, der 1852 als Bürger aufgenommen wurde.

Rieser Knopfmacher-„Waaren"

Bekannt sind heute noch die Knöpfe der Herrenwesten und die Besätze für die Feierabendkappen. Sie wurden zumindest bis in die zweite Hälfte des 19. Jahrhunderts hergestellt. Die Feierabendkappen der Männer wurden im Ries Troddelkappen genannt. Bei ihnen sind Hutschleifen mit Crepinen (Posamentenbesätze mit Fransen) und einem übersponnenen Knopf in der Kappenmitte aufgenäht. Da diese geflochtenen Besätze zu den klassischen Arbeiten der Knopfmacher gehörten, wurden sie in den Werbeanzeigen der zeitgenössischen Knopfmacher nicht extra herausgestellt.

Georg Wenng inserierte 1826 im wöchentlich erscheinenden „Intelligenzblatt der Königlich Bayerischen Stadt Nördlingen" und empfiehlt sich „dem hiesigen und auswärtigen Bürger-Militär mit den zu den Tschako's gehörigen Knopfmacherarbeiten".[1] Die Tschakos waren als militärisches Gegenstück zum Zylinder die typische Kopf-

1 Intelligenzblatt der Königlich Bayerischen Stadt Nördlingen. Nro. 31. Freitag, den 4. August 1826.

A. Gabler. del: F. A. Annert. sc: Nor:

Der Bortenwürker.

bedeckung der bürgerlichen Landwehr. Weihnachten 1839 , 13 Jahre nach seiner ersten Anzeige, wirbt Wenng für Geschenke aus seiner Werkstätte, dabei hebt er die Haararbeiten aller Arten seines Sohnes Karl August besonders hervor.[1]

1845 wirbt Knopfmacher Christoph Brackenhofer in der Beilage zum Nördlinger Wochenblatt ebenfalls für Besatzartikel für das Militär, er hebt „silberleonische Fangschnüre[2] für Landwehr-Offiziere, Porte-épées[3] und Hutschleifen" ebenso hervor wie „Guitarre-Saiten mit Silberdraht übersponnen".[4] 1848 bietet er zu „sehr billigen Preisen" Fransen und Gimpen aller Art, Knöpfe, Schnüre, Quasten, Glockenzüge, Vorhanghalter, Gitarrenseiten usw. an.[5]

1849 zeigt der Knopfmachermeister Innovationsgeist, der mit einer Prämie belohnt wird. Im Ausschuss des Gewerbevereins „wurde eine Prämie von zehn Kronthalern dem Knopfmachermeister Brackenhofer für die Ausstellung einer Maschine bewilligt, die seidene und wollene Schnüre verschiedener Art von so guter Qualität und mit so gerin-

Tschako der Landwehr-Füsiliere
Bayern, um 1830

Schwarzer Filz und Leder, weißer Wollbehang, Metallbeschlag mit Zepter und Schwert, metallener Kinnriemen/ Schuppenkette.

1826 wurde der Tschako für die Königlich Bayerische Landwehr eingeführt. Er war bis 1848 das Hauptunterscheidungsmerkmal zum aktiven Heer.
Bayerisches Armeemuseum, Inv. Nr. H 17439

1 Intelligenzblatt der königlich bayerischen Stadt Nördlingen für das Jahr 1839. Beilage zu Nro. 51 des Nördlingen'schen Intelligenzblattes 1839. Privat-Anzeigen. S. 457 (Bayerische Staatsbibliothek – Signatur: 4 Bavar. 3066-1839).
2 Fangschnüre dienten ursprünglich dazu, die Kopfbedeckung auf der Achsel zu befestigen, daraus entwickelte sich die Achselschnur.
3 Trageschlaufen am Degen
4 Wochenblatt der Stadt Nördlingen für das Jahr 1845, Beilage zum Nördlinger Wochenblatt, S. 88.
5 Wochenblatt der Stadt Nördlingen für das Jahr 1848 (Bayerische Staatsbibliothek – Signatur: 4 Bavar. 3066-1848), Beilage zum Nördlinger Wochenblatt Nro. 32. Privat Anzeigen.

gem Zeitaufwand liefert, daß der Besitzer die Concurenz auswärtiger Fabriken zu bestehen sich getraut."[1]

1852 beteiligt sich Brackenhofer mit großem Erfolg an der Industrie-Ausstellung des königlich bayerischen Regierungsbezirkes Schwaben und Neuburg in Augsburg. Er war „Einsender eines reichhaltigen Sortimentes von Zimmer-Garnituren, als: Glockenzügen in zwölf mehr oder minder eleganten, verschiedenfarbigen Sorten zum Preise von 1 fl. 48 kr. bis 3 fl., farbig schattierten Spiegelquasten in diversen Nuancen zu 36 bis 48 kr. das Paar, dann baumwollenen Vorhanghaltern zu 42 bis 54 kr. das Paar; dem durch diese Vorlagen kundgegebenen tüchtigen Streben wurden von der Jury [...] belobende Anerkennung zu Theil."[2]

Geschäftssiegel
Burgau, 19. Jh.

Geschäftssiegel der Handlung des Bortenwirkers J. A. Miller – zwei stehende Löwen halten als Berufszeichen der Posamentierer einen „Bretzelknoten" mit oberer Schlaufe und Quasten an den Enden zwischen den Vorderpfoten, zwischen ihnen wächst eine Blume, im unterem Bereich des Siegels findet sich die Initiale JM.
Michael Miller, Burgau

Raffhalter/Vorhanghalter
Burgau, um 1880

Wolle, Holz – gedrehte Kordel, Schieber mit Holzkern, Endquaste.
Michael Miller, Burgau

1 Nördlinger Wochenblatt. Zugleich Amts- und Anzeigenblatt für die Gerichtsbezirke Nördlingen, Wallerstein, Harburg, Bissingen und Mönchsroth. Dienstag Nro. 85. den 23. Oktober 1849.
Beilage zum Nördlinger Wochenblatt Nr. 85, 23. Oktober 1849.

2 Bericht über die Industrie-Ausstellung des königlich bayerischen Regierungsbezirkes Schwaben und Neuburg in Augsburg: vom 4. September bis 17. Oktober 1852. Augsburg 1852 (Bayerische Staatsbibliothek – Signatur: Techn. 1192).

Knopfmacher in Minden-Schaumburg

Jürgen Sturma

Im Norden von Nordrhein-Westfalen erstreckt sich das Minden-Schaumburger Trachtengebiet vom Landkreis Minden-Lübbecke bis in den niedersächsischen Landkreis Schaumburg hinein. Das relativ große Trachtengebiet zerfällt in zwei Untergruppen: die Mindener Trachten (Mindener Varianten inkl. Gehlenbecker Tracht) und die Schaumburger Trachten (Lindhorster Varianten, Bückeburger, Holtruper, Friller Tracht).

Neben den üblichen Knöpfen aus Bein und Holz für Hemden, Unterkleidung und Alltagsgewand wurden an den festlichen Trachten sogenannte umsponnene Knöpfe getragen. Sie wurden in großen Mengen für Westen und Röcke der Männertrachten gebraucht, weniger für die Jacken und Wämser der Frauentrachten. Die ältesten Textilien mit diesen Knöpfen datieren vom Ende des 18. Jahrhunderts.

Über einem Rohling aus Holz wurde ungezwirntes Seidengarn, aber auch Metallfaden gewickelt und mit einer Nadel gewebt. Zur besseren Haltbarkeit hatte der Knopf einen Rand aus Knopflochstichen. Dazu wurde Wollgarn, ursprünglich Kamelhaargarn, verwendet. In Anlehnung daran hießen diese umsponnenen Knöpfe im Friller Gebiet „Kaméilgoarnsknööpe“. Im Lindhorster Gebiet hat sich die Bezeichnung „Kámeilknööpe“ erhalten.
Das Seidengarn hieß „Jubelseide“, eine Verballhornung der Produktbezeichnung „Juwel“. Die Seidengarne kamen vermutlich von der 1785 gegründeten Fa. Carl Mez in

Freiburg/Breisgau. Interessant ist, dass die „Jubelseide“ im Friller Gebiet auch als „Kameilgoarn“ bezeichnet wurde. Das rührt vermutlich daher, dass ursprünglich statt der ungezwirnten Seide Kamelhaargarn zum Umspinnen der Knöpfe verwendet wurde, was sich an alten Knöpfen belegen lässt.[1]

Knöpfe für das Minden-Schaumburger Trachtengebiet stellten die Knopfmacher in den Städten Stadthagen, Rinteln, Bückeburg, Minden und Lübbecke und im Flecken Rodenberg her.
1783 gab es z.B. in Minden drei und in Lübbecke zwei Knopfmacher.

Namentlich sind folgende Knopfmacher bekannt:
- W. Butterbrodt in Stadthagen, (1850)
- Friedrich Wilhelm Nobbe, Knopfmacher in Rinteln, wandert 1853 nach Amerika aus
- Friedrich Christian Schütte, Knopfmacher in Stadthagen (1828)
- Adolf Rauter, Knopfmacher in Bückeburg, wandert nach Amerika aus
- Johann Ernst Rauter, Knopfmacher in Bückeburg
- Karl Rauter, Knopfmacher in Stadthagen (1896)
- L. Moosberg, Knopfmacher in Bückeburg (1854)
- L. Mitthoff, Knopfmacher in Rodenberg (1854)
- August Schubmann, Knopfmacher in Stadthagen (1882)
- Wilhelm Schubmann, Knopfmacher in Stadthagen (1882)
- Carl Mittendorf, Knopfmacher in Bückeburg (1884)

Juwel – echte Mez-Seide

Bei der Seidenzwirnerei Carl Mez wurde seit 1834 im großen Maßstab Nähseide hergestellt. 1930 ging die Firma Mez AG in der Handelsfirma Coats Deutschland auf, der Markenname blieb bestehen. Juwel-Seide zum Häkeln und Stricken wurde noch nach 1930 in Docken zu je 150 m verkauft.
Monika Hoede, Kirchheim

1 Siehe Sturma, Jürgen: Knöpfe aus dem Minden-Schaumburger Trachtengebiet. In: Posamentenknöpfe; S. 125–128. Zu Kamelhaar siehe S. 52.

Frauenwams (1800–1820) aus dem Kirchspiel Frille
vermutlich für Halbtrauer

Diese klassische Machart der Knöpfe war zu Beginn des 19. Jahrhunderts bei den Schaumburger Trachten allgemein verbreitet.
Museum Bückeburg, Inv.-Nr. TR-0315

- Adolf Kreutler, Knopfmacher in Bückeburg, zieht 1887 nach Hildesheim
- Heinrich Meier, Knopfmacher in Minden (1842/43)
- August Rauter, Knopfmacher in Minden († 1896)
- Adolf Rauter, Knopfmacher in Minden (1885)
- Johann August Stichnoth, Knopfmacher in Bückeburg († 1883 mit 52 Jahren)

Im Haus Obermarktstraße 27 in Minden wohnte 1842 der Knopfmacher Heinrich Meier.[1] Sein Geschäft übergab er an den Knopfmacher Johann Friedrich Rauter, der in Detmold geboren wurde. Sein Sohn August Rauter, Knopfmacher und Posamentierer, führte das Geschäft bis zu seinem Tod 1896 weiter. Die Witwe Emilie Rosine geb. Hoffmann heiratete im folgenden Jahr den Posamentierer Carl Friedrich Joachim Heinrich Schrader, der aus Berlin

1 Fred Kaspar, Ulf-Dietrich Korn, Bau- und Kunstdenkmäler von Westfalen, Stadt Minden, 50. Band/Teil IV, Teilband 2, S. 1666ff.

stammte.[1] Bei der Familie Rauter scheint es sich um eine Knopfmacherfamilie zu handeln, die im Lippischen, Mindischen und Schaumburgischen verbreitet war.

Zu Beginn des 19. Jahrhunderts war im gesamten Gebiet ein Sternknopf mit einem Durchmesser von etwa 18 mm verbreitet, wie er am langärmeligen Friller Frauenwams zu sehen ist. Er wurde im ersten Drittel des 19. Jahrhunderts von „Sternknöpfen" mit und ohne Folienspiegel und Randeinfassung abgelöst. Über einem breiten Grundgerüst liegt ein gewickelter Stern, dessen Spitzen mit drei Fäden überstickt wurden (Friller Frauenweste). Im Bückeburger Gebiet waren um 1850 vereinzelt kleine gewickelte einfarbige Knöpfe für die kurzärmligen Frauenjacken gebräuchlich. Es scheint, dass sich dieser Knopftyp nicht durchsetzen konnte. Er wurde ohne Randeinfassung gearbeitet und ist deswegen weniger haltbar.

Zum Ende des 19. Jahrhunderts setzten sich im Bückeburger und Friller Bereich kleine Rautenknöpfe mit Randeinfassung durch. Für eine Friller Männerweste brauchte man 24, für eine Bückeburger Weste 32 Knöpfe. Auf einem Bückeburger Frauenwams saßen zwölf Knöpfe.

Die Knöpfe für den Friller Männerrock bezogen die Schneider von den Bückeburger Knopfmachern. Der gleiche Knopf wurde auch an den Männerröcken der Bückeburger Tracht verwendet. Es handelt sich um einen schwarzen Knopf mit einer schwarzen Gimpe. Er basiert auf einem breiten sechsstrahligen Grundgerüst mit gewickeltem Stern und Hilfsfäden unter und über dem

1 Kirchenbücher der ev. St, Martini Gemeinde in Minden/Westf.

Männerrock aus Isenstedt
(Gehlenbecker Tracht) etwa 1840.

Mindener Museum

Stern für die Gimpe.
Für einen Friller Rock brauchte man 38 Knöpfe: zwölf für die Knopfleiste, je fünf an den Ärmelaufschlägen und an den Taschen sowie sechs Knöpfe an den Falten im Rücken. Der Bückeburger Rock hatte an den Taschen und im Rücken einige Knöpfe weniger.
Diese schwarzen Röcke wurden nur zur Kirche getragen. Ansonsten trug man den weißen Leinenkittel, der Metallknöpfe hatte.

Im Lindhorster Gebiet wurden die Sternknöpfe verändert, indem die Randeinfassung und die Überwebung der Sternspitzen weggelassen wurden. Stattdessen trat jetzt eine doppelte Gimpe auf, welche die Konturen des Sternes verstärkte.
Auch im Lindhorster Gebiet wurde von den Männern ein Kirchenrock getragen. Er benötigt 48 Knöpfe, da er doppelreihig geschlossen wurde. Man brauchte von den sehr typischen Knöpfen 22 für die Knopfleisten, je vier für die Ärmelaufschläge und die Taschen sowie zehn Knöpfe für die Falten im Rücken. Dieser schwarze Knopf ist dem kleinen bunten Lindhorster Knopf sehr ähnlich.

Ein dem Friller Knopf sehr ähnliches Modell wurde an den Männerröcken der sogenannten Gehlenbecker Tracht verwendet. Es handelt sich um ein sehr kleines Trachtengebiet mit fünf Dörfern. Hier war statt des sonst im Minden-Schaumburger Land üblichen weißen Leinenkittels ein blauer Tuchrock gebräuchlich, der farbig umsponnene Knöpfe hatte. Als Besonderheit wird hier der Hilfsfaden zur Fixierung der Gimpenschlaufe aus den beiden mittleren Fäden des breiten sechsstrahligen Grundgerüstes gezogen.

Taschenpatte des Männerrocks aus Isenstedt (Gehlenbecker Tracht) etwa 1840.

Mindener Museum

Im Mindener Museum wurde eine Knopfmusterkarte ausgestellt, die neben den umsponnenen Knöpfen für alle Schaumburger Trachten auch industriell gefertigte Knöpfe in der Produktpalette zeigt. Es ist daher zu vermuten, dass die Knopfmacher auch diese Produkte in ihr Programm aufgenommen haben, um die Wirtschaftlichkeit der kleinen Unternehmen zu erhalten oder zu steigern.

Die Nachfrage nach den umsponnenen Knöpfen im Mindener und Schaumburger Land sank dramatisch, als die Männer ihre Tracht aufgaben. In den Mindener Trachten legten die Männer ihre traditionelle Kleidung um 1880 ab. 1894 wurde im Friller Trachtengebiet der letzte schwarze Kirchenrock hergestellt.[1] Im östlichen Bereich der Trachtenlandschaft wurde am längsten an der Tracht festgehalten, aber auch hier waren die Tage der bunten Männerwesten mit den umsponnenen Knöpfen im ersten Viertel des 20. Jahrhunderts gezählt. Die nicht mehr getragenen Männerwesten dienten als nahezu unerschöpfliches Knopf-Reservoir für die Frauenkleidung, und so schlossen die Stadthäger Knopfmacher in den 1930er-Jahren ihre kleine Firma mangels Nachfrage.

1 Hermann Stoppenhagen, Bericht über die Herstellung der Dankerser Tracht von Schneider und Landwirt Heinrich Krüger, Dankersen, vom 15.2.1952, unveröffentlichtes Manuskript.

Knopfmacher in der Schwalm

Monika Hoede

Familie Planet – Hugenottische Glaubensflüchtlinge

In der Schwalm, einer Trachtenregion in Hessen, ist die hugenottische Herkunft der Knopfmacherfamilien noch bekannt. Vor allem die Familie Planet hat es verstanden, die von ihr hergestellten Knöpfe in Stil und Farbe an die Schwälmer Tracht anzupassen. Daher waren deren Knöpfe am begehrtesten. Fünf Generationen und über 200 Jahre lang waren die Planets als Knopfmacher in Treysa in der Schwalm tätig.[1]

Der erste bekannte Knopfmacher der Familie – Issac Planet (bzw. Planel, Plannet, Plannett, wie der Familienname auch geschrieben wird) – wurde in Südfrankreich geboren.[2] Er hatte ein bewegtes Leben, da er dem reformierten Glauben angehörte. 1687 „erfolgte" die katholische Pfarrtaufe. Um sie zu umgehen, flüchtete er zusammen mit seiner Frau zunächst in die Schweiz. Dort waren die Glaubensflüchtlinge allerdings höchstens 15 Jahre geduldet, wenn sie nicht ihre Konfession wechselten. Familie Planet entschloss sich weiterzuziehen. 1699 war Isaac Planet Mitbegründer der französischen Hugenottenkolonie Gethsemane bei Bad Hersfeld (heute Philippsthal),

1 Zur Knopfmacherfamilie Planet vergleiche: Gandert/ Miehe, Knopfmacher, 1983, S. 161–164 und Grein, Umsponnene Knöpfe aus der hessischen Schwalm, In: Posamentenknöpfe, 2014, S. 129–132.

2 Die Lebensdaten der Familie Planet hat Heinz-Dieter Störmer für sein Familienarchiv zusammengetragen und der Trachtenkultur-Beratung zur Verfügung gestellt.

Konrad Planet (1835–1923)

Deutsches Hugenotten-Museum Bad Karlshafen

kurz darauf verstarb er. Sein Sohn Samuel (1665? – 1746 Treysa) wanderte 1720 mit seiner Familie nach Treysa ein. Er war Knopfmacher, Posamentierer und Wolltuchhändler.

Die Söhne von Samuel Planet, nunmehr die dritte Generation, wurden noch in Gethsemane geboren. Alle sind als Knopfmacher geführt.

- Antoinne (Anton) Planet (1711 Gethsemane – 1799 Kaiserslautern) Knopfmachermeister, Handelsmann, 1736 in Treysa Knopfmacherbursche, seit 1739 Bürger in Kaiserslautern.
- Justus Adam Planet (1717 Gethsemane – 1801 Treysa), Knopfmachermeister in Treysa.
- Henry Guillaume (Heinrich Wilhelm) Planet (1718 Gethsemane – 1787 Ziegenhain) Knopfmacher, er hatte keine Kinder.

Justus Adam Planet (1717 Gethsemane – 1801 Treysa) führte die Werkstatt seines Vaters in Treysa weiter. Er hatte 1770 die Konkurrenz von zwei „deutschen" Posamentierern, die ebenfalls Knöpfe machten, obwohl ihnen das durch ihren Zunftbrief untersagt war.
Nach Justus Adam übernahm dessen Sohn, Heinrich Wilhelm (1754–1833) die Werkstatt. Sein Sohn war wiederum Knopfmachermeister: Konrad I. Planet (1807–1873). Dessen Sohn Konrad II. Planet (26.01.1835–19.10.1923) wird als Knopfmachermeister, Posamentierer und Landwirt geführt, mit ihm kam der Erwerbszweig zum Erliegen.

Konrad Planet belieferte bis ins hohe Alter die alte, ihm treu gebliebene Kundschaft.
Seinen einzigen Sohn Johann Heinrich, der 1880 geboren wurde, lehrte er das Knopfmacherhandwerk. Dieser wäre

Knöpfe, Rohlinge und Garn
aus einer Schwälmer Nähschatulle

Klaus Lang, Gießen

somit die siebte Generation Knopfmacher in der Familie Planet gewesen. Doch Johann Heinrich hatte wenig Interesse am Beruf seiner Vorfahren; er wurde zunächst Kaufmann und später Landwirt.

Die Planet'schen Knöpfe waren begehrt. Die Bräute scheuten nicht den oft stundenlangen Weg nach Treysa in die Werkstatt, um Zutaten für neue Kleider zu besorgen. Planet besuchte auch zahlreiche Märkte, beispielsweise in Neukirchen, Ziegenhain und Treysa. Besonders viele Knöpfe verkaufte er zwischen Weihnachten und Neujahr auf dem „Scherzmarkt" in Treysa an Dienstmädchen.

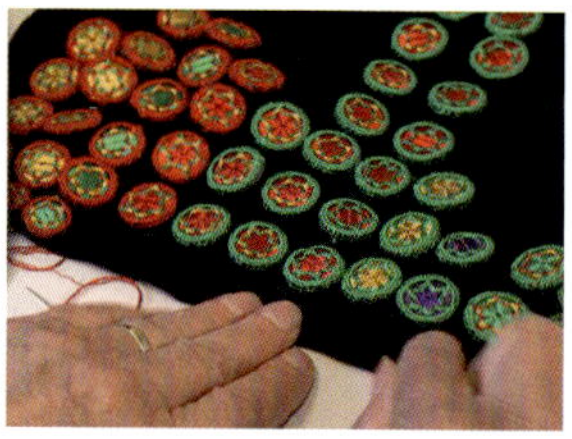

In Schwälmer Tracht

Ottilie Nickel aus Seigertshausen auf dem Ostereiermarkt 2017 und ihre Auswahl an Knöpfen.
Foto: Klaus Lang, Gießen

Schon Ende des 19. Jahrhunderts fabrizierte Knopfmacher Planet auch Posamenten, sodass aus der Knopfmacherwerkstatt auch eine Posamentierwerkstatt wurde. Neben den selbst angefertigten Knöpfen verkaufte Planet Bänder und anderes Zubehör für die heimische Tracht.

Knopfmacherei in der Schwalm im 20. Jahrhundert

In den Dreißigerjahren des vorigen Jahrhunderts konnten in fast allen Dörfern der Schwalm Frauen Knöpfe besticken. Meist führten diese Arbeiten die Dorfnäherinnen aus, doch viel mehr Mädchen und Frauen versuchten sich in dieser Kunstfertigkeit, um den Eigenbedarf an Knöpfen zu decken.
Eine Knopfstickerin fertigte in zehn- bis vierzehnstündiger Arbeitszeit einen Satz zu 19 Knöpfen. Im Jahre 1936 kostete der Satz Knöpfe 2,50 bis 3,00 Mark, wobei Unkosten für 1,20 Mark entstanden. Das Besticken von Knöpfen wurde wegen des großen Arbeitsaufwands und der Konkurrenz der Industrie mit der Zeit aufgegeben. 1980 konnten nur noch wenige Näherinnen Knöpfe besticken.

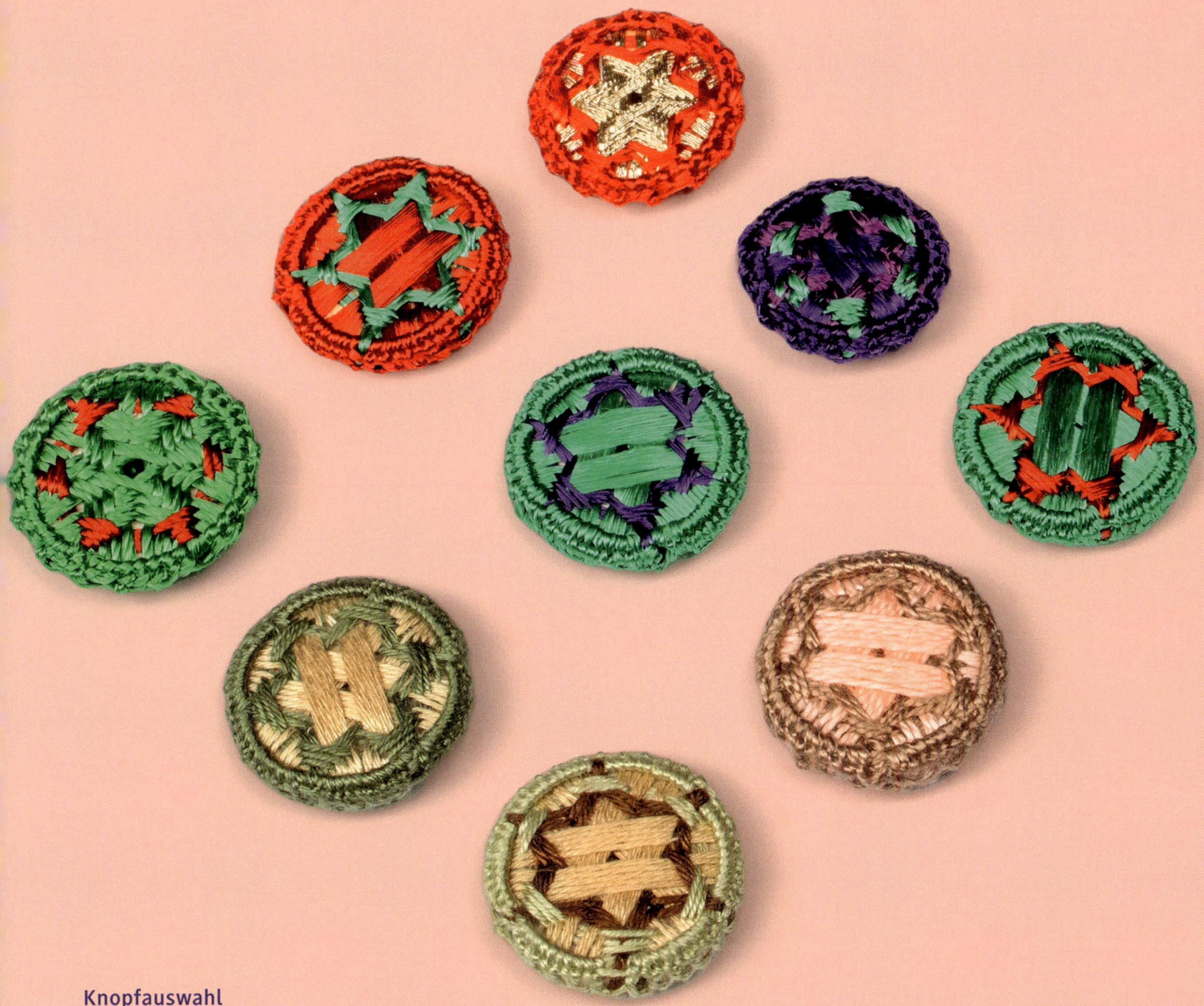

Knopfauswahl
von Luise Musack aus Seigertshausen. 2017 auf dem Ostereiermarkt gekauft.
Klaus Lang, Gießen

Der Knöpffmacher.
Christoph Weigel, 1698

Die Abbildung zeigt detailreich Waren, Werkzeuge und Herstellungstechniken der „Knöpffmacher“. Am Tisch bestickt ein Knopfmacher einen auf den Pfriem gesteckten Knopfrohling. Die Spule mit dem Garnvorrat steckt ebenfalls auf einem Pfriem. Mehrere auf Karten genähte Knopfgarnituren und eine Fransenborte liegen auf dem Tisch. Ein Knopfmacher arbeitet eine Borte am Webkamm. Links vorne steht eine Garnhaspel. Im Hintergrund entsteht eine Schnur am Drehrad. An der Wand hängen opulente Quasten, Behänge, Fransen und Kordeln.

Monika Hoede, Kirchheim

In der Knopfmacherwerkstatt

Monika Hoede

Die wichtigsten Werkzeuge

Neben Nadeln erleichtern dem Knopfmacher vor allem Pfrieme bzw. Ahlen in verschiedenen Stärken und je nach Bestimmung mit unterschiedlich gestalteten Spitzen die Knopfherstellung.

Der Arbeitstisch der Knopfmacher hat gebohrte Löcher. Dort können Stangen eingesteckt werden, die wie die Pfrieme den Knopfrohling oder die Garnspulen halten. Manche Arbeitstische haben einen hochstehenden Rand ähnlich einem Tablett, damit nichts vom Tisch herunterrollt.

Die Garne werden mit dem Spulrad auf Spulen aufgewickelt; Spulenständer nehmen die Garnspulen auf. Je nach gewünschter Technik sind die Spulenständer so gearbeitet, dass die Garne unter mehr oder weniger Spannung abgewickelt werden können.

Am aufwendigsten sind die Geräte, mit denen der Knopfmacher Garne verzwirnt und Gimpe herstellt. Das Drehrad zum Verzwirnen arbeitet nach dem gleichen Prinzip wie das in Seilereien. Manche Knopfmacher besitzen eine aufwendige Fadenmühle (auch Spinnmühle oder Gimpfmühle genannt), um dickes Garn (die Seele) dicht mit

Der Knöpffmacher.
Christoph Weigel, 1698.

In Christoph Weigels 1698 herausgegebenem Ständebuch „Abbildung der Gemein-Nützlichen Haupt-Stände", Regensburg 1698 ist auch der Knopfmacher aufgeführt.
Monika Hoede, Kirchheim

Der Knöpfmacher
Im guten haltet an, und dienet Jederman.

Es steckt ein hölzern Herz vergraben
im Knopff von Seiden oder Gold:
so ligt offt in den Reichtums-Gaben
ein Herz, das Armen wenig hold.
Wolt ihr im Glück Gott wolgefallen?
So liebt die Mildigkeit vor allem.

Seide, feinem Draht oder Lahn zu umwickeln. Diese Spezialmaschine erspart das Wickeln der Gimpe von Hand.

Bänder können auf einem Bandwebrahmen gewebt werden. Besser ausgestattete Werkstätten haben einen Bandwebstuhl. Auf einem gepolsterten Pult mit mittigem Loch (Jatte) werden Kordeln geflochten.

Weitere spezielle Werkzeuge sind Stecheisen in verschiedenen Größen, um aus Gold- oder Silberfolie Scheiben auszustanzen. Die Folienspiegel erhalten anschließend mithilfe von Pressen die zur meist gewölbten Knopfoberseite passende Form. Auf der Presse kann ein Muster eingraviert sein, das dann den Folienspiegel ziert.

Werkzeuge für die Knopfmacherei, 2010

Statt Pfriem ein Nagelbohrer, ein 2010 für die Knopfmacherei neu entwickeltes Haltewerkzeug sowie ausgesägte Knopfrohlinge.
Monika Hoede, Kirchheim

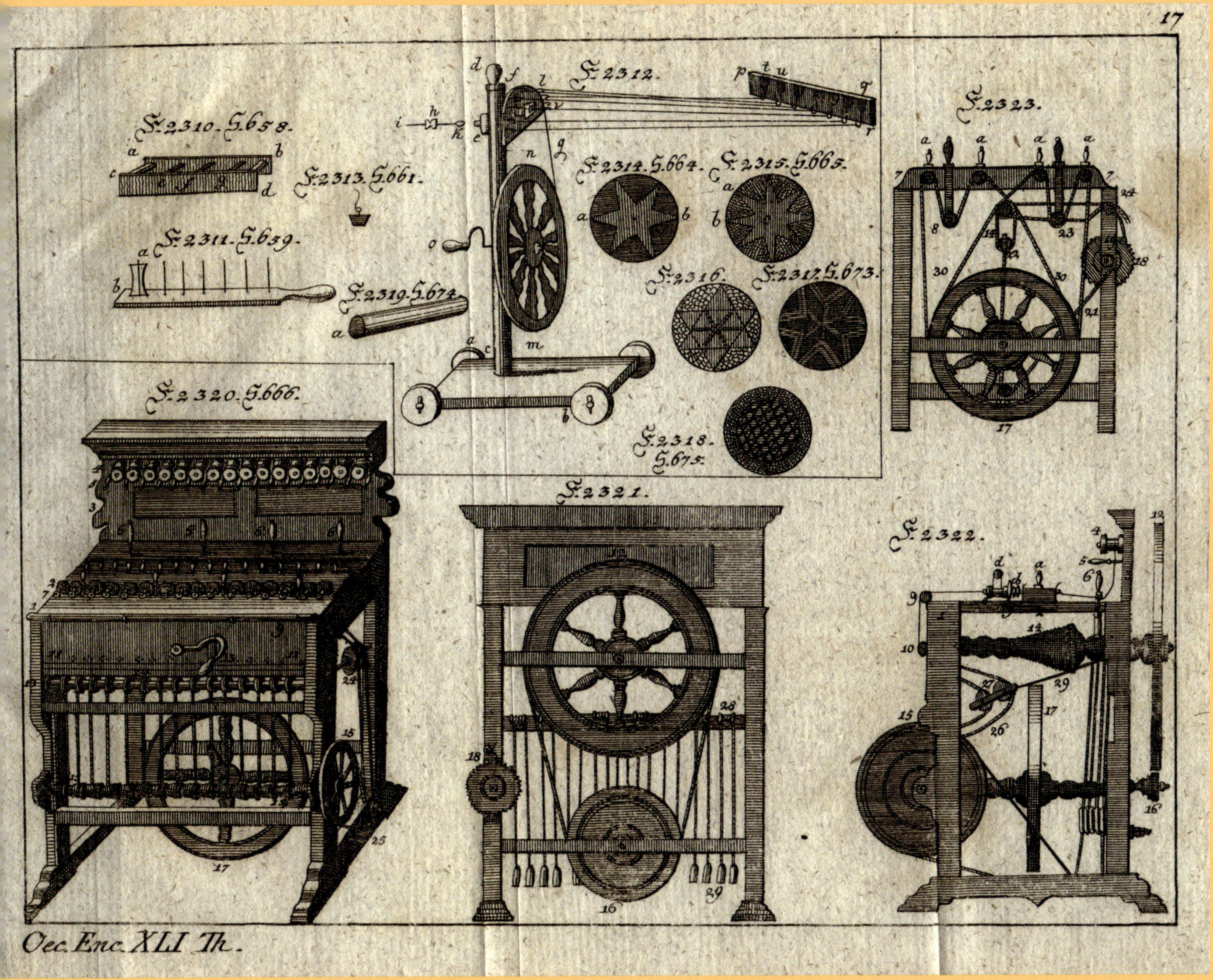

Knopfmacherwerkzeuge und Knöpfe
Aus J. G. Krünitz: „Oekonomisch-technologische Encyklopädie", Berlin 1787, Band 41, Artikel Knopf, Tafel 17

Abb. 2314: Sternknopf, gewickelt
Abb. 2315: Sternförmig durch Stickerei gemusterter Schlichter bzw. Glatter Knopf
Abb. 2316: Gestochener Knopf mit Gimpe
Abb. 2317: Rückseite des gestochenen Knopfes mit Gimpe
Abb. 2318: Knopf mit „Folien-Scheibe" darüber gesticktem Netz mit Einfassung

Rechts und unten wird eine Gimpfmühle in vier Ansichten gezeigt. Mit dieser aufwendigen Spinnmühle wurde die Herstellung von Gimpen rationalisiert, die auch auf dem Drehrad gefertigt werden können.
Monika Hoede, Kirchheim

Der Knopfmacher, 1789
Kupferstich von J. Wagner.

Im Vordergrund arbeiten zwei Knopfmacher an ihrem Arbeitstisch, der mit einem Rand versehen ist. Viele Knöpfe liegen auf dem Tisch, mehrere Spulen stehen am Rand, eine Spule ist auf einem auf dem Tisch eingelassenen Pfriem aufgesteckt. Einer der Knopfmacher zieht den Faden unter Spannung ab, um den Knopf zu umspinnen. Im Hintergrund hängt ein Regal gefüllt mit Spulen, auf denen Fäden aufgewickelt sind. Dort arbeitet ein Lehrling oder Geselle. Als Veredlung nach dem Zwirnen zieht er Fäden durch das Kravieleisen, die so geglättet und glänzend werden. Abstehende Fasern werden abgerieben. Im hinteren Raum arbeitet ein Knopfmacher am Drehrad.
Trachtenkultur-Beratung Bezirk Schwaben, Inv.-Nr. T 14/0013

Die Werkstatt

Berufsberatung im 18. Jahrhundert: ein Buch des renommierten Wiener Verlags Josef Ritter von Kurzböck widmet sich sechzig Handwerken. Spannend ist, dass die Handwerke aus zeitgenössischer Sicht durchaus auch kritisch beschrieben werden. Die Seiten 252 bis 255 sind dem Knopfmacher gewidmet, sie werden hier zusammengefasst.[1]
Der Knopfmacher wird mit dem Bortenwirker gleichgesetzt, wobei der Bortenwirker mehr Produkte herstellt. Der Posamentierer wird nicht genannt. Um von ihrem Handwerk leben zu können, handeln Knopfmacher in der Regel zusätzlich mit kleinen Waren – „kurzen Waren“ – heute Kurzwaren.
Eine der Hauptaufgaben der Knopfmacher ist das Zwirnen von Garn, dem damals sogenannten Kamelgarn. Das Kamelgarn verkauft er für das Stechen von Knopflöchern. Er selber „überspinnt“ damit die Knöpfe. Die „platten“ oder „erhabenen“ Knopfformen lässt er beim Drechsler fertigen. Die „hohlen“ Knöpfe bestehen aus Ringen aus verzinntem Eisendraht, die mit Leinen überzogen und gefüllt werden.

Zunächst „überspinnt“ der Knopfmacher die Knopfform mit einer „Grundlage“, die einem „glatten schlechten [= schlichten] Knopfe gleichet“. Kein Faden darf dabei über dem anderen liegen. Der Knopf entsteht „aus freier

Der Knopfmacher, 1789
Kupferstich von J. Wagner.

Aus Kurzbeck: Sechzig eröffnete Werkstätten der gemeinnützigsten Künste und Handwerke, S. 252.
Trachtenkultur-Beratung

1 Sechzig eröffnete Werkstätten der gemeinnützigsten Künste und Handwerke für junge Leute zur Auswahl ihres künftigen Nahrungsstandes. Mit sechzig jede Kunst, jedes Handwerk deutlich erklärenden Kupferstichen. Verlag: Joseph Edler von Kurzbeck. Wien, 1789, S. 252–254.

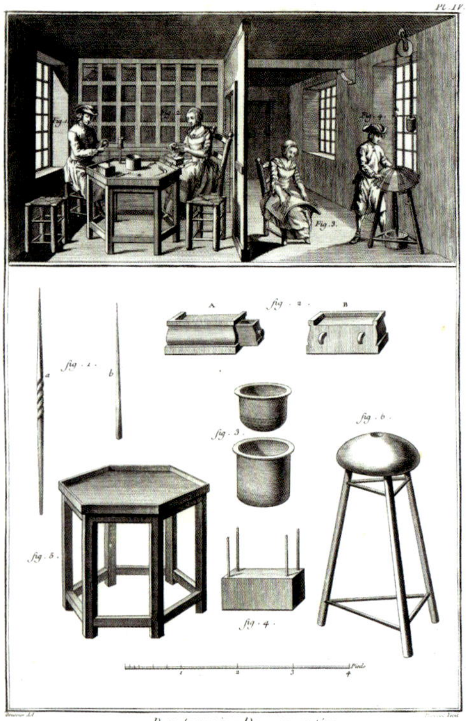

Boutonnier Passementier.

Diderot und d´Alembert (Hrsg.)

Encyclopédie, Paris 1751 bis 1772, Band 19, Bildtafeln I.
Trachtenkultur-Beratung Bezirk Schwaben, Inv.-Nr. T 13/003e

Knopfmacherei in Diderots Enzyklopädie

Dank der Enzyklopädie, die von Denis Diderot und Jean Baptiste le Rond d'Alembert zwischen 1751 und 1780 herausgegeben wurde, sind Techniken und Begriffe zum Knopfmacherhandwerk überliefert. Ein unbekannter Autor hat für die Enzyklopädie etwa 100 Beiträge zur „Boutonnerie" verfasst. Sechs Bildtafeln ergänzen seine kenntnisreichen Texte.

Hand". Die Grundlage wird noch verziert. Entweder mit „Augen" oder „Kettstichen", „Figuren" werden mit „Gimpe" auf dem Knopf aufgenäht. „Reiche Knöpfe" bekommen über der Grundlage eine Folienauflage aus Silberblech. Darüber wird mit gesponnenen Gold- und Silberfäden gearbeitet.
Mancherorts wurden Silberknöpfe Mode, dann konnten Knopfmacher nicht mehr von ihrem Handwerk leben.

Kamelgarn

Meist drehten, das heißt verzwirnten die Knopfmacher ihre Garne selber. Seide, Pferdehaar (vom Schweif), Kamelhaar (Haare der Angoraziege), Schafwolle, Baumwolle und Leinen dienten ihnen als Rohstoffe.

Besonders begehrt war das von ihnen gesponnene Kamelgarn. Um es herzustellen, wurden zunächst zwei Garne verzwirnt; der entstehende Faden wurde „Binse" genannt. Von diesem Zwirn wurden wiederum zwei Fäden miteinander verzwirnt. Knopfmacher nannten diesen vierfachen Zwirn „Kortel". Im allgemeinen Sprachgebrauch wurde er als Kamelgarn bezeichnet. Es wurde im klassischen Fall aus Angorawolle und Seidengarn zusammengezwirnt. Die Angoraziege wurde früher womöglich wegen ihres langen Halses Kamelziege genannt, woraus der missverständliche Name entstand.

Diderot und D´Alembert (Hrsg.)
Encyclopédie, Paris 1751 bis 1772, Band 19, Bildtafeln I

Linke Seite in der Werkstatt (und Folgeseite) von links nach rechts:

- **Knopfmacher**, der einen Knopf mit Seide bewickelt. Der Seidengarnvorrat auf der Spule steckt auf einer im Arbeitstisch befestigten „broche" (Nadelstange).
- **Knopfmacherin**, die einen Knopf bestickt.
- **Knopfmacherin**, die an einem Klöppelkissen in Form eines abgerundeten Brettes eine Borte herstellt.
- **Knopfmacher** beim Kordelklöppeln an der in der Mitte gelochten Jatte. Im Inneren der entstehenden Flechtkordel wird eine Seele mit eingearbeitet.

Abbildungen oben:
1.a **„fer à rouler"** (Dreh-Haltewerkzeug) – Haltewerkzeug für Knöpfe, mit mittlerem Gewinde und auf beiden Seiten mehr oder wenigen spitzen Enden.
1.b **„broche"** (Nadelstange), Pfriem ohne Griff – Gestell für Spulen oder Haltewerkzeug für Knöpfe, das im Arbeitstisch eingesteckt werden kann.
2.A und B „Pâté", kleine Schubladentruhe mit gepolsterter Arbeitsfläche (auf der Bouillonabschnitte, Perlchen und Pailletten nicht wegrutschen, daher wohl der Name „Teig/ Paste"), die am Arbeitstischrand eingehängt werden kann.
3. **Bouillon-Behälter** für Bouillonabschnitte für die Stickerei. Durch die Löcher in der oberen Schale fallen die für Stickerei zu kurzen Abschnitte, das wertvolle Rohmaterial geht so nicht verloren.
4. **Spulengestell** mit vier Haltestangen, auf die Spulen aufgesteckt werden, um Fäden gleichzeitig abziehen zu können.
5. **Arbeitstisch** mit Platz für sechs Knopfmacher. Der Rand ist hochgezogen, damit nichts herunterfällt.
6. **Jatte**
Trachtenkultur-Beratung Bezirk Schwaben, Inv.-Nr. T 13/003e

Diderot und d´Alembert (Hrsg.)

Encyclopédie, Paris 1751 bis 1772, Band 19, Bildtafeln I.
Trachtenkultur-Beratung Bezirk Schwaben, Inv.-Nr. T 13/003e

Die Wollhaare der Angoraziege sind sehr hochwertig. Sie sind 30 cm lang und länger, weiß, fein und glänzen wie Seide. Seidenfäden wurden meist aus Italien importiert, der Handelsname für das aus zwei bis drei Fäden verzwirnte Seidengarn ist Organsin/Organzin.

Kamelgarn konnte viele Qualitäten haben: In seiner schlechtesten Qualität war es aus Schafwolle, in seiner besten aus reiner Seide. Die Schneider verwendeten Kamelgarn für das Stechen von Knopflöchern.

Knopfrohlinge
Treysa, um 1910.

Vom Drechsler gefertigte „platte" und „erhabene" Knopfrohlinge aus der Werkstatt des Knopfmachers Konrad Planet.
Monika Hoede, Kirchheim

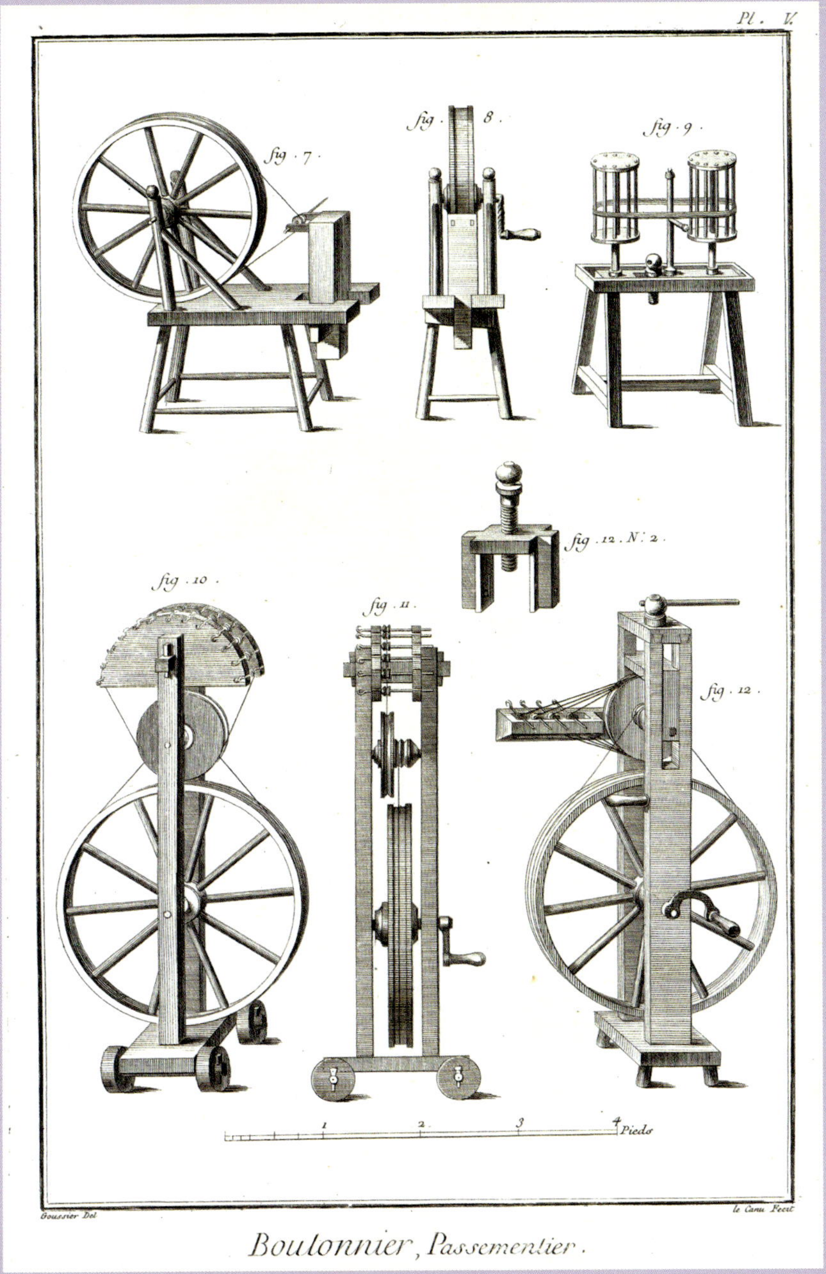

Diderot und d´Alembert (Hrsg.), Encyclopédie,
Paris 1751 bis 1772, Band 19, Bildtafel V.

Die Bildtafel zeigt die Geräte, mit denen die Garne hergestellt wurden und werden.

7. Spulrad, die Kurbel liegt hinter dem Rad. Die Spulen werden auf einen konisch geformten Dorn aufgesteckt.
8. Schematische Ansicht des Spulrades von vorne.
9. Haspel, um die Seide während des Spulvorganges abzuwickeln.
10. Drehrad für das Anfertigen von Zwirnen bzw. Schnürchen. Die heute benutzen Drehräder wurden meist vor bzw. um 1900 aus Gusseisen hergestellt, doch die Funktionsweise blieb identisch.
11. Seitliche Ansicht des Drehrades.
12. Weiteres Drehrad anderer Bauart, bei dem die Haken seitlich angeordnet sind.
12. N. 2. Abdeckhaube zum Drehrad Nr. 12

Trachtenkultur-Beratung, Inv.-Nr. T 13/0037f

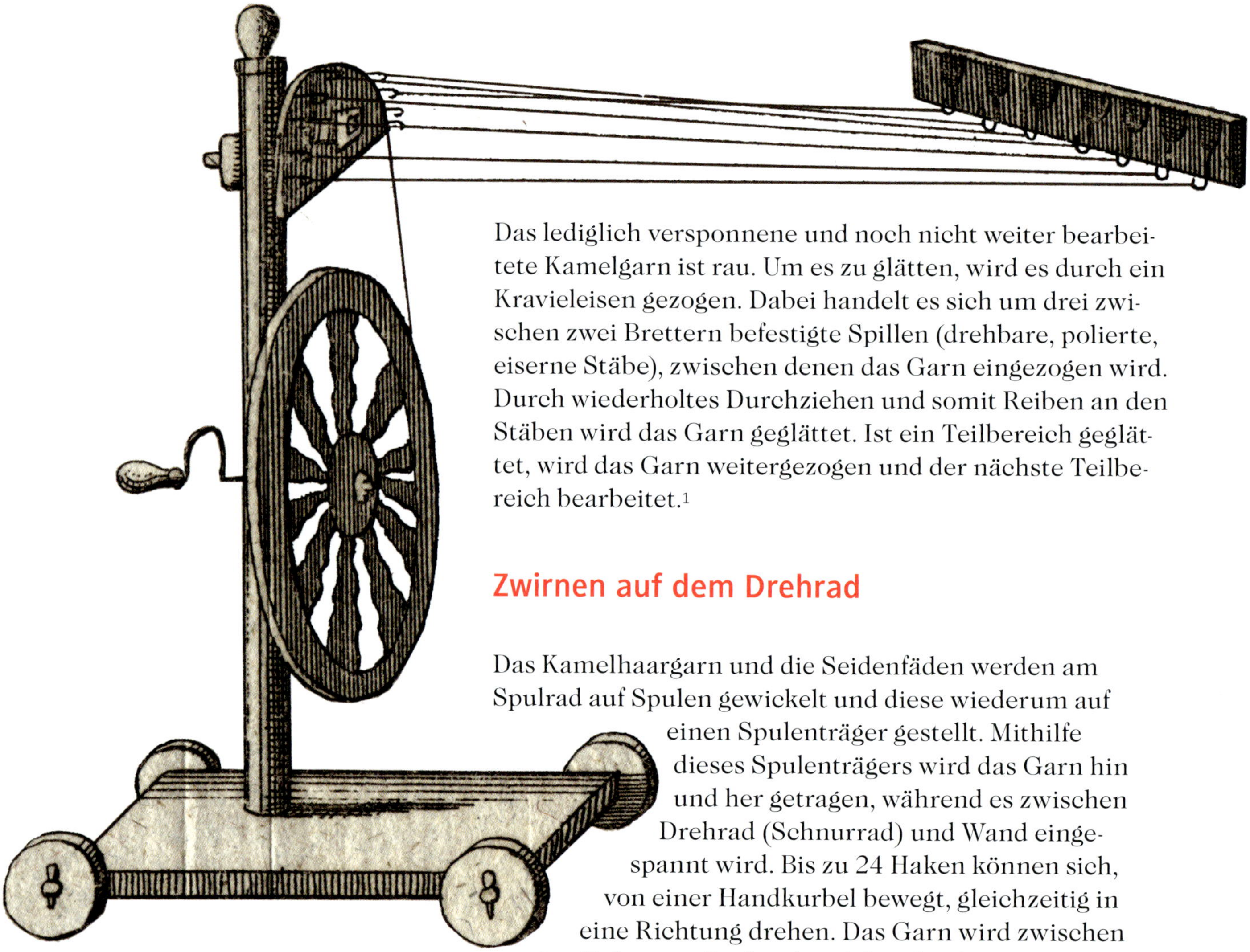

Das lediglich versponnene und noch nicht weiter bearbeitete Kamelgarn ist rau. Um es zu glätten, wird es durch ein Kravieleisen gezogen. Dabei handelt es sich um drei zwischen zwei Brettern befestigte Spillen (drehbare, polierte, eiserne Stäbe), zwischen denen das Garn eingezogen wird. Durch wiederholtes Durchziehen und somit Reiben an den Stäben wird das Garn geglättet. Ist ein Teilbereich geglättet, wird das Garn weitergezogen und der nächste Teilbereich bearbeitet.[1]

Zwirnen auf dem Drehrad

Das Kamelhaargarn und die Seidenfäden werden am Spulrad auf Spulen gewickelt und diese wiederum auf einen Spulenträger gestellt. Mithilfe dieses Spulenträgers wird das Garn hin und her getragen, während es zwischen Drehrad (Schnurrad) und Wand eingespannt wird. Bis zu 24 Haken können sich, von einer Handkurbel bewegt, gleichzeitig in eine Richtung drehen. Das Garn wird zwischen den Haken am Drehrad und der gleichen Anzahl Haken an einer Latte an der gegenüberliegenden Wand aufgehängt.
Die Garne werden vom Drehrad über zwei Haken an der Wand wieder zum nächsten Haken am Drehrad gespannt. Das hat zwei Vorteile: Die doppelte Garnlänge kann in einem Arbeitsschritt verdreht werden, und man kann zwischen den beiden Haken an der Wand ein Gewicht in

Drehrad
Aus J. G. Krünitz: „Oekonomisch-technologische Encyklopädie", Berlin 1787, Band 41, Artikel Knopf, S. 659–662, Tafel 17, Abb. 2312.

Bei diesem Drehrad können sechs Haken gleichzeitig in eine Richtung gedreht werden. Die Fäden werden zwischen Drehrad und einer mit ebenfalls sechs Haken versehenen Latte an der Wand aufgespannt.
Monika Hoede, Kirchheim

1 Siegel, Zur Geschichte des Posamentiergewerbes, 1892, S. 121 und S. 123.

das Garn einhängen, damit es immer straff gespannt ist, falls das Drehrad zu schnell nachrückt.

Die Kurbel am Drehrad und somit alle Garnstränge gleichzeitig werden links herumgedreht. Sobald sie fest genug gedreht sind, werden jeweils zwei auf einen Haken zusammengehängt, in die andere Richtung umeinandergedreht und somit verzwirnt. Das Drehrad ist auf Rädern beweglich montiert, da die Schnur beim Verdrehen kürzer wird.[1]

Kravieleisen
Aus J. G. Krünitz: „Oekonomisch-technologische Encyklopädie", Berlin 1787, Band 41, Artikel Knopf, S. 658f., Tafel 17, Abb. 2310.

Zwischen zwei Brettern sind Spillen, drehbare, polierte Eisenstäbe, befestigt, um Garn beim mehrfachen Durchziehen zu glätten.
Monika Hoede, Kirchheim

Das kleine Drehrad
mit acht Haken stammt von der Handlung des Bortenwirkers J. A. Miller, der seinen Laden direkt am Stadttor in Burgau hatte. Wahrscheinlich wurde es bis um 1900 verwendet.

Rechts ist die Seite des Drehrades zu sehen, wo die Fäden eingehängt werden.
Michael Miller, Burgau

1 Dornbrach, Posamentier-Kunstgewerbe, 1894, S. 81ff., und Krünitz, Fig. 2312, Beschreibung Band 41, S. 659–661.

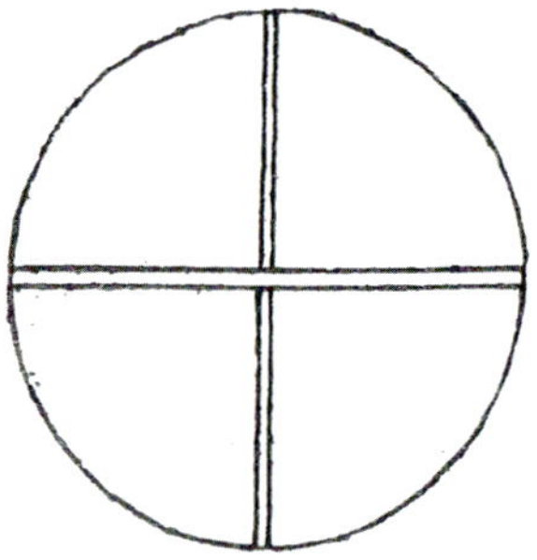

a.

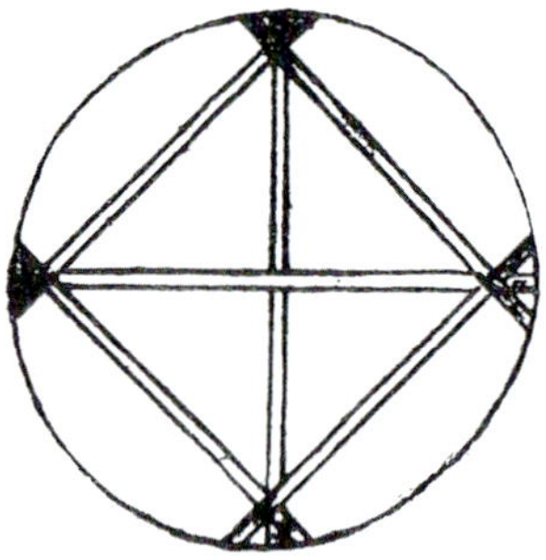

b.

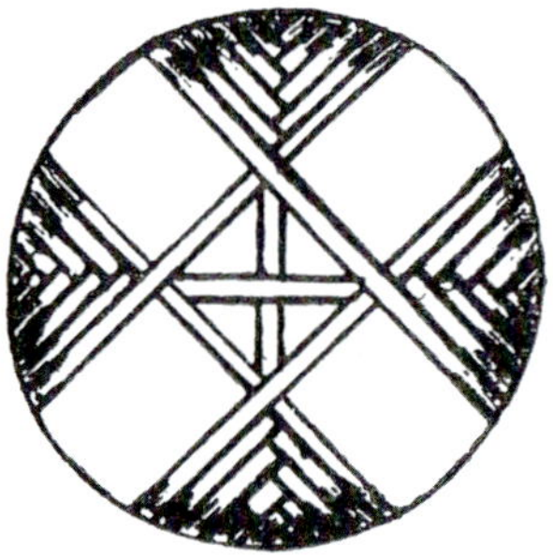

c.

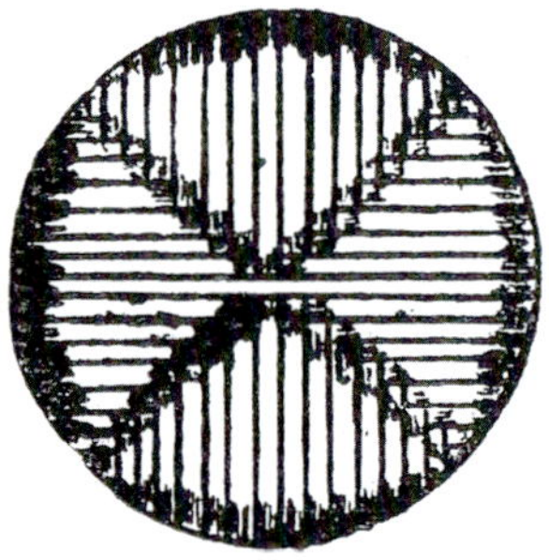

Knopf-Originale

Monika Hoede

Meist arbeiteten Knopfmacher ihre Knöpfe über aus Holz gedrechselten Knopfformen, die rund und flach oder kuppelförmig erhaben waren. Für Knebelknöpfe hatten sie die Form einer länglichen Perle bzw. sogenannten „Olive“. Das Loch in der Mitte des Knopfrohlings diente zum Vernähen der Garne und zum Aufstecken auf ein Werkzeug während der Herstellung. Es war aber auch wichtig, um den Knopf an der Kleidung festzunähen, denn so konnte der Bezug beim Verwenden des Knopfes nicht verrutschen.

Stoffüberzogene Knöpfe wurden oft über einem Drahtring gefertigt, dieser wurde innen ausgepolstert. Diese „Hohlen Knöpfe“ konnten unkompliziert vielseitig bestickt werden.

Zunächst wurde auf dem Knopfrohling aus Garnen eine sogenannte „Grundlage“ gearbeitet. Diese ergibt bereits die einfachsten Knöpfe. Sie wurden auch „Schlechte Knöpfe“ im Sinne von Glatt (Mittelhochdeutsch) oder gleich „Glatte Knöpfe“ genannt.
Grundsätzlich wird das Garn um die Knöpfe gewickelt, es umspinnt die Knöpfe. Ein aus Garn gearbeitetes Grundgerüst gibt den Wicklungen Halt. Da es sich in der Knopfmitte kreuzt, hießen die Knöpfe entsprechend der Anzahl entstehender Speichen bzw. Kreisausschnitte vier, sechs- oder achtkreuzige Knöpfe. Anders ausgedrückt, besteht

a

b.

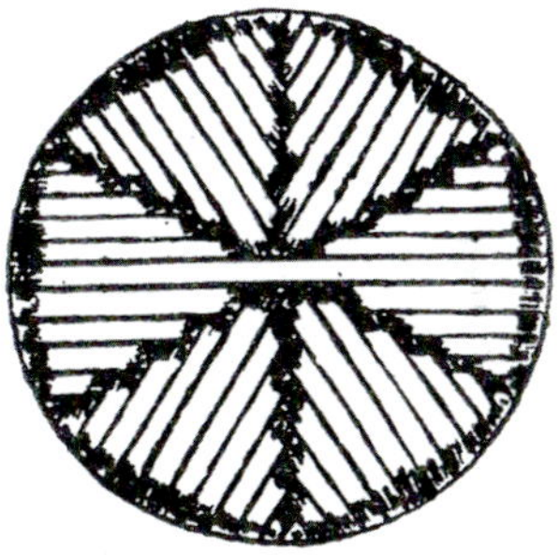

das Grundgerüst aus zwei, drei oder vier parallel gewickelten Touren, durch die sich Speichen bzw. Kreisausschnitte ergeben.

Die Grundlage hat auf der Knopfoberseite je nach Machart ein unterschiedliches Erscheinungsbild. Am häufigsten wurden „Glatte Knöpfe“ gefertigt, die Kreuzungspunkte der Fadenwicklungen ergeben Speichen. Bei den Viereck- und „Sternknöpfen“ ergeben die Wicklungen auf der Knopfoberseite Quadrate bzw. Spitzen. Beide Macharten charakterisiert außerdem, dass kein Faden an der Kante über dem anderen liegt.

Die Grundlage kann weiter verziert werden. Häufig wird sie dafür mit schneckenförmig weitergeführten Stichen bestickt. Aufwendiger sind die „Gestochenen Knöpfe“. Die darauf gearbeiteten „Figuren“ sind mit Stichen fixiert. Zwischen diesen Einstichstellen bildet sich durch die Verarbeitungstechnik Gimpe. Verschiedene Muster sind möglich, z.B. Sterne und Rosen. Besonders „Reiche Knöpfe“ wurden aus Gold- und Silbergarnen gemacht, oft mit Folienauflage aus Silberblech über der Grundlage, die dann kaum sichtbar war. Häufig wurde eine rahmende Einfassung mit Languettenstichen gearbeitet, um die Knopfkante zu schützen und den Knopf somit gebrauchstauglich zu machen. Unendlich viele weitere Muster wurden und werden von den Knopfmachern entwickelt.

Vierkreuziger (li.) und Sechskreuziger (re.) Knopf

Die einzelnen Entstehungsschritte des Glatten Knopfes: Grundgerüst, erste gewickelte Runde, fertiger Knopf. *Aus Arold: Handbuch der Posamenten-Fabrikation, S. 50f.*

Werkstatt Mühlhauser in Augsburg

In der Werkstatt der „Posamentier-Meister" Johann Mühlhauser sen. und Johann Mühlhauser jun. wurden neben prächtigen Quasten, Borten, Fransenborten und Kordeln verschiedene Varianten von Knöpfen produziert. Vater Johann Baptist Mühlhauser (25.06.1865–28.05.1952) stammte aus Binswangen. Am 24. Dezember 1884 beendete er erfolgreich seine dreijährige Lehrzeit bei dem Münchner Posamentierer Josef Weber. Er eröffnete zusammen mit seiner Frau Anna, geb. Furtmayr, 1902 in Augsburg in der Heiligkreuzstr. 13 sein „Posamentier- u. Weißwarengeschäft". In dem schmalen Haus war im Erdgeschoss ein Laden, in dem neben Posamentierarbeiten Krawatten und Wäsche angeboten wurden. Im 1. Stock wurde gewohnt, im 2. Stock wurden die Posamenten produziert. Unter dem Dachspitz, also quasi im 3. Stock, wurden Schnüre und Seile gedreht. Die Treppe wurde mit einer Klappe verschlossen, sodass 18 Meter Länge für die Drehbahn zur Verfügung standen.

Sein 1913 geborener Sohn Johann jun. (04.08.1913–02.04.2007) begann 1927 eine Lehre beim Vater und legte am 04.08.1937 die Meisterprüfung zum Posamentierer in Hannover ab. Er übernahm 1939 den Betrieb. Ohne die tatkräftige Unterstützung durch seine Ehefrau Katharina, die sämtliche geschäftlichen Belange und Teile der Lehrlingsausbildung übernahm, hätte das Geschäft insbesondere in schwierigen Zeiten keine Überlebenschance gehabt. Die ganze Familie war in der Produktion und im Laden mit eingespannt. Unter anderem wurden auf dem Handspulrädchen schlichte weiße Knöpfe für Totenhemden mit Garn überzogen. Aber auch moderne Maschinen schaffte Mühlhauser an, um konkurrenzfähig zu bleiben.

Die Werkstatt von Johannes Mühlhauser, um 1939

Links von vorne nach hinten sind das Spulrad, eine Garnhaspel und vor allem der Handwebstuhl aufgestellt, rechts drei Arbeitsplätze an zwei Tischen und Regale an der Wand.
Familienarchiv

Mustertafel aus der Posamentenwerkstatt Mühlhauser in Augsburg

Auf der nicht weiter beschrifteten Mustertafel werden neben auffällig aufwendig hergestellten Knöpfen Knebelknöpfe und verschiedene Rosetten präsentiert.

Beschreibung der Knöpfe und Rosetten auf der Musterkarte von links nach rechts:

1. Reihe: Zwei Augsburger Knöpfe (Sternknopf gewebt, mit Messerspitzen und Flügelchen); umhäkelter Knopf, zwei umsponnene Knöpfe
2. Reihe: Viktorianischer Knopf; Glatter Knopf, Schneckenknopf (5 Runden eingewebt wie die Staphorster Knöpfe, anschließend eingewebte Spirale), eingefasst; umsponnener Knopf, mit Languettenstichen überstickt; umsponnener Knopf, Tortenschnürung[1], im Zentrum „Pinwheel"[2]-Stickerei, an der Kante mit Gimpe eingestickte Bogen
3. Reihe: Umsponnener Knopf, Tortenschnürung, „Needlework Star", an der Kante schneckenförig eingewebte Spiralen; ovaler Knopf, zwei Touren Grundgerüst, zwei Runden Glatter-Knopf-Wicklung, den Rest der Kante füllende, in die Glatter-Knopf-Wicklung eingewebte Bogen; umstickte Kugel, Tortenschnürung, mit Überwendlichstich umstickt, zweite Tortenschnürung, um die Rippe zu bilden; Viktorianischer Knopf, vergleichbar mit „The Empire"
4. Reihe: Viereckiger Gewürfelter Knopf; mit Gimpe über einer Kugel ausgeführter Spikatknopf[3] bzw. Spikatkugel[4], hier Sechs-Kreuz-Spikat, mehrfach (parallel versetzt einflechtend) erhöht; Vier-Kreuz-Spikatkugel ; Gewürfelter Knopf
5. und 6. Reihe: Knebelknöpfe, teils mit Seidengarn überlegt und geschneckt oder überstickt, teils Spikat; **6. Reihe:** Über Oliven (leicht bauchige Form des Knebelknopfrohlings)
7. und 8. Reihe: Verschiedene Rosetten

Schwäbisches Handwerkermuseum, Augsburg

1 Bei Arold: Handbuch der Posamenten-Fabrikation, S. 172, wird die Tortenschnürung als „mit einem Kreuz überlegt" bezeichnet, das Kreuz wird über einem „überspulten" Knopf „gelegt" und „ausgestochen", d.h. noch weiter bestickt.
2 Vgl. Nancy Nehring und Gina Barrett (2013): Beide Autorinnen haben englische Begriffe für die Viktorianischen Knöpfe eingeführt, die in den Beschreibungen verwendet werden.
3 Spica (= lat. Ähre), die Optik der Fadenführung gab diesem Knopf den Namen. Die Flechtung wird für Kugeln und Knebelknöpfe verwendet. Der Spikat ist ein aus einem Faden gestochenes Schlauchgewebe.
4 Spikatkugeln wurden gerne als Quastenkopf und als Enden an Gehängen verwendet. Vgl. Arold: Handbuch der Posamenten-Fabrikation, S. 150.

Knopfauswahl
Gewürfelte Knöpfe, Ottobeurer Knöpfe, Viereckknopf, Augsburger Knöpfe, Spikatknöpfe, Viktorianische Knöpfe.

Privatbesitz, Burgau

Nach der Währungsreform half die Erweiterung des Sortiments mit Kurzwaren, den Betrieb am Leben zu halten. Viele Aufträge kamen von der Kirche, die für ihre Kirchenbeleuchtung Ampelquasten – eine Art Lampenschirme aus aufwendig überstochenen und mit Korell[1] verzierten Quasten – bestellte. Mühlhauser produzierte diese für die Firma Kusterer. 1979 kam er ins Ruhestandsalter; zumindest der Laden wurde aufgelöst. Zehn Jahre später, zur 2000-Jahr-Feier der Stadt Augsburg, vermachte Johann Mühlhauser seinen mehr als 200 Jahre alten Bandwebstuhl und weitere Maschinen dem Schwäbischen

1 Korell oder auch Korellchen ist ein Fransenbörtchen mit sehr kurzen Schlaufen als Fransen, die mithilfe von verdrehtem, doppelt genommenem Draht gehalten werden.

Handwerkermuseum und löste somit schweren Herzens seinen Betrieb endgültig auf.[1]

In der Werkstatt von Johann Mühlhauser wurden auffällig viele verschiedene Varianten an Knöpfen produziert. Die Musterkarte, die jetzt im Handwerkermuseum Augsburg gezeigt wird, stammt vermutlich noch von Johann Mühlhauser Senior. Weitere spannende Einzelknöpfe haben sich im Besitz der Nachfahren erhalten.

Rückseiten der Knöpfe
Beachtenswert ist, welche Knöpfe zusätzlich mit Nähseide gesichert sind. Ein Viereckknopf ist umlegt statt gewickelt.

Privatbesitz, Burgau

1 Die wichtigsten Geräte, Garn-Vorräte und Musterbücher aus der Werkstatt wurden dem Schwäbischen Handwerkermuseum in Augsburg vermacht und werden dort in der Dauerausstellung präsentiert.

Knopfmacherei praktisch – Augsburger Knopf

Grundlage

1. Sternknopf, eingewebt über einem Grundgerüst aus drei Touren à zwei Wicklungen.

Messerspitzen

2

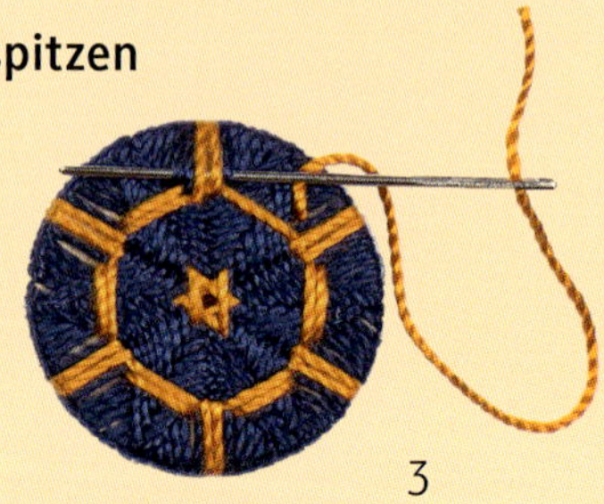

3

Messerspitzen und Flügelchen

4

5

6

Schneckenförmig weben

2. Letzter Stich der ersten Runde Messerspitzen – unter drei Fäden
3. Letzter Stich der zweiten Runde Messerspitzen – unter fünf Fäden
4. Flügelchen ab der dritten Runde – jeweils beidseitig der Messerspitzen unter zwei Fäden weben. Dazwischen die Flügelchen über zwei Fäden beginnend weben.
5. Letzter Stich der dritten Runde – unter zwei Fäden über zwei Fäden unter drei Fäden.
6. Anfang der letzten Runden – die Messerspitzen sind beendet, Flügelchen unter vier Fäden weben.

Abschlussstiche

7. Von der Knopfkante zur Spitze stechend Flügelchen zusammenziehen
8. Die beiden obersten Fäden des Grundgerüstes in der Knopfmitte zusammensticken.

7

8

Fertiger Augsburger Knopf

9. Bei diesem Knopf wurden die Flügelchen in der letzten Runde unter zwei Fäden eingewebt.

Die Posamenten-Manufaktur in München

Die nach wie vor von der Posamenten-Manufaktur bei Knopfbestellungen zurate gezogene Knopfmuster-Karte zeugt von der Geschichte dieser Posamentenwerkstatt. Der Stempel auf der Rückseite der Mustertafel „J. Frank Ww. / Posamentenfabrikation / f. Kirche, Kleider, Möbel / und Dekoration / Nürnberg“ ist durchgestrichen. Sein Sohn (?) Georg Frank hat seinen aktuellen Stempel darunter ergänzt „Georg Frank / Posamentenfabrikation f. Kirche, Kleider / Möbel und Dekoration / NÜRNBERG“. Georg Frank übergab seine Werkstatt an den Mitarbeiter Peter Dörfinger, die Firmierung lautete daher „Posamenten Dörfinger“. 1995 wurde die Posamentenfabrikation von Tobias Gattermann übernommen, der sie als „Posamenten-Manufaktur“ weiterführte. Sein Vorgänger war bei ihm Angestellter, bis die „Posamenten-Manufaktur“ im Jahr 2000 nach München in die Gollierstr. 70 C II umgezogen ist. Tobias Gattermann war sehr engagiert um die Erhaltung des Handwerks Posamentierer als Ausbildungsberuf. Am 01.04.2017 hat er den Betrieb an seinen langjährigen Mitarbeiter Christoph Michel übergeben.

Mustertafel der Posamenten-Manufaktur, München

Posamenten-Manufaktur, München

Mustertafel der Posamenten-Manufaktur, München

Die Mustertafel mit 37 Posamentenknöpfen stammt von der Posamenten-Manufaktur in München, sie wurde von der Vorgängerwerkstatt Frank in Nürnberg zusammengestellt und zeigt vermutlich alle Knopftechniken, die den Kunden in dieser Werkstatt angeboten wurden.

Die Knöpfe sind durchnummeriert; die erste Nummer (beginnend bei 100) bezieht sich offensichtlich auf die Knopfmachart und womöglich zusätzlich auf die Garnart und -farbe, die zweite Nummer auf die Größe. Einige Knöpfe wurden später ergänzt, die Nummerierung teils korrigiert.

Posamenten-Manufaktur, München

100: Sternknopf, gewebt, mit Messerspitzen
101: Viktorianischer Knopf, zweifarbig umsticktes Grundgerüst aus vier Touren
102: Sternknopf, gewickelt, mit Messerspitzen
103: Mit Seidenfilamentgarn umsponnener Knopf mit darüberliegender Tortenschnürung
104: Glatter Knopf, zwei Touren, je Runde mit zwei Fäden gearbeitet
105: Überzogener Knopf (mit Leder oder Stoff)
106: Glatter Knopf, zwei Touren, je Runde drei Fäden
107: Glatter Knopf, drei Touren
108: Glatter Knopf, drei Touren, zwei Farben, die durch den Farbwechsel 6 Dreiecke bilden
109: Glatter Knopf, drei Touren, zwei Farben, die sich jede Runde abwechseln
110: Glatter Knopf, drei Touren, drei Farben, in der Machart identisch mit 108, die letzten Runden dominieren die Optik
111: Glatter Knopf, drei Touren, mit zwei Fäden je Tour gewickelt, bei einem Knopf die letzten Runden in einer zweiten Farbe
112: Glatter Knopf, zwei Touren, pro Wicklung vier Fäden. Der fertige Glatte Knopf ist überlegt mit einer Runde Sternwicklung mit parallel zum Grat des Glatten Knopfes liegenden Wicklungen
113: Mit Seidenfilamentgarn umsponnener Knopf, darüber liegend Tortenschnürung aus vier Touren, darüber Glatter-Knopf-Wicklung über vier Eckankern, bis die Kante halb gefüllt ist, dann Glatter-Knopf-Wicklung um einen Eckanker versetzt, bis die Kante ganz gefüllt ist
114: Viktorianischer Knopf, zwei Touren aus je vier Schnüren, vier Runden Glatter-Knopf-Wicklung, der Rest der Kante gefüllt mit drei Runden darin eingewebten Bogen
115: Viktorianischer Knopf, in der Machart vergleichbar mit 114, die Bogen sind aufwendiger in Leinwandbindung eingewebt
116: Breites Grundgerüst aus Seidenfilamentgarn in drei Touren, darüber Glatter-Knopf-Wicklung, bis der Knopf gefüllt ist, bei der letzten Runde sind die innen liegenden Spitzen umstickt
117: Mit Goldgarn umsponnener Knopf, mit Langettenstichstickerei von hinten zur oberen Mitte überlegt
118: Vier-Kreuz Spikatknopf, zweimal erhöht, mit sieben Touren
119: Vier-Kreuz-Spikatkugeln mit fünf bzw. sieben Touren
120: Vier-Kreuz-Spikatknopf mit sechs Touren
121: Mit Filamentgarn umsponnener Knopf, vier Touren Tortenschnürung, in jeden zweiten Faden eingestickter Überwendlichstich, in der Stichmitte zur Knopfmitte hin zusammengeholt („Flower“)
122: Vergleichbar mit 114, Grundgerüst aus zwei Touren und zwei Runden Glatter-Knopf-Wicklung aus Gimpe, darin in vier Bogen eingewebter Faden
123: Glatter Knopf, vielfarbig, dünnes Garn
124: Mit Plüsch überzogener kugelförmiger Knopf

100/14
106/14
109/20
108/20
100/20
107/20
123/16
110/20
106a/14
124/22
101/14
107/24
111/24
102/14
114/25
107/32
103/14
111/24
122/22
104/14
115/25
107/38
105/19
112/35
116/28
105/24
108/40
119/
118/
121/24
113/35
117/
105/30
120/

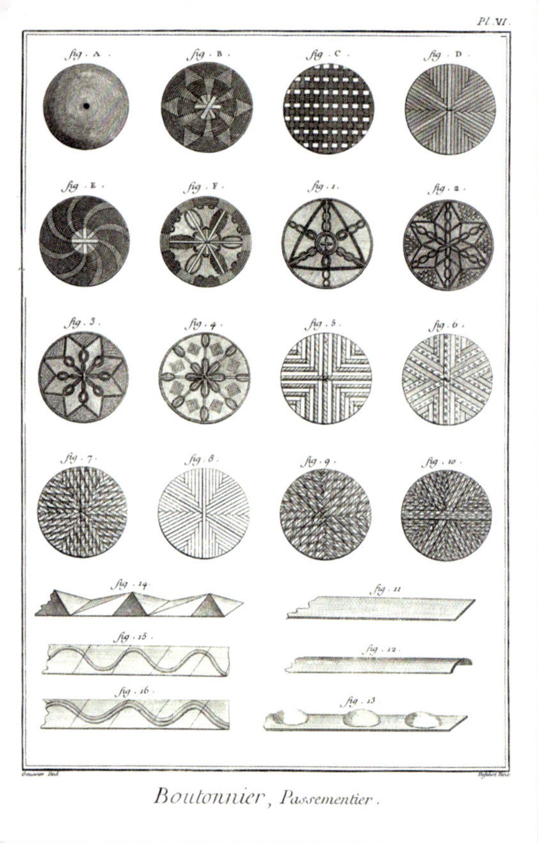

Diderot und d´Alembert (Hrsg.)
Encyclopédie, Paris 1751 bis 1772, Band 19, Bildtafeln VI.

Trachtenkultur-Beratung Bezirk Schwaben, Inv.-Nr. T 13/0037g

Die Knöpfe auf der Bildtafel VI zeigen lediglich aufwendige, wertvolle Goldknöpfe

A: Knopfrohling
B und E: Goldknöpfe mit Schneckenmuster[1], „zur Hälfte glänzend eingearbeitet, zur anderen Hälfte gegorlt"[2]
C: Goldknopf mit Würfelgrund („mit der Nadel eingewebt")
D und Nr. 5 bis 10: Goldknöpfe aus Lahn und Kordonnet, teils ist der Lahn gemustert. „Die Eckanker sind mit Kordel gewickelt", „mit drei Kreuzungen", was sechs Ausschnitte ergibt, oder „mit zwei Kreuzungen, das ist die am weitesten verbreitete Knopfart"
F: Goldknopf mit Ährenmuster, mit „Lahnreifen"[3]
Nr. 1, 2 und 3: Knöpfe „mit Grundlage aus seidenem Filamentgarn[4], mit Mailänder Seide gegorlt" in unterschiedlicher Fasson, 1. Fasson eines Dreispitzes, 2. Fasson von sechs Mitren, teilweise zusätzlich bestickt, 3. über vier Touren, u.a. mit Rosette beidseitig der Tortenschnürung, in den Ecken zusätzlich bestickt
Nr. 4: Knopf „mit Grundlage aus seidenem Filamentgarn", mit Languettenstich eingestickte Karos und weitere Ornamente
Nr. 5 und 6: Goldknopf am Degenknauf[5]
Nr. 7 bis 10: Goldkknöpfe mit unterschiedlichen Lahnsorten (gravierter Lahn; dicht zusammengeschobener Lahn; überlegter Lahn)
Nr. 11: Breiter ungemusterter Lahn
Nr. 12: Gewölbter Lahn
Nr. 13: Lahn mit Buckelgravur
Nr. 14: Lahn mit Liniengravur
Nr. 15: Mit Kordonett/Frisée[6] überlegter Lahn
Nr. 16: Doppelt mit Kordonett/Frisée überlegter Lahn

1 in schneckenförmigen Runden eingearbeitetes Muster.
2 Gorl wird seit 2017 eine Technik genannt, bei der Gimpe entsteht, sie ist dank Diderots Enzyklopädie überliefert.
3 Lahnreifen sehen aus wie Pailletten, sie werden aus Draht geformt und wie Lahn flachgehämmert.
4 unversponnenes Garn wird Filamentgarn genannt.
5 Dieser Goldknopf wird durch seine übereinanderliegende Wickeltechnik rund wie ein Degenknauf, es ist noch nicht gelungenen, solch einen Knopf zu rekonstruieren.
6 Kordonett bzw. Frisée ist ein Metallgarn, bei dem seidene Fäden mit sehr dünnem Metalldraht bzw. Lahn umwickelt und zu Garn versponnen werden.

fig. A.

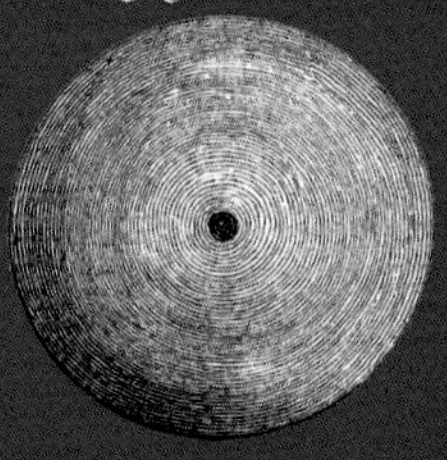

fig. B.

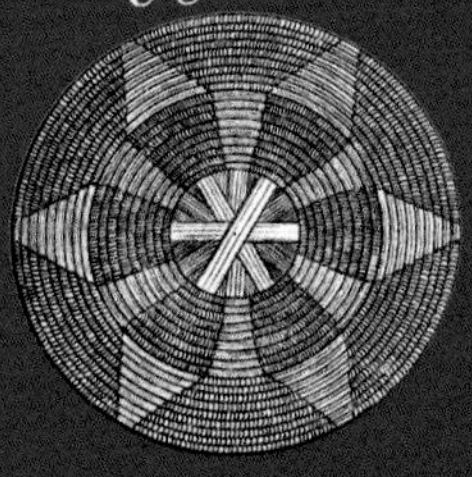

fig. C.

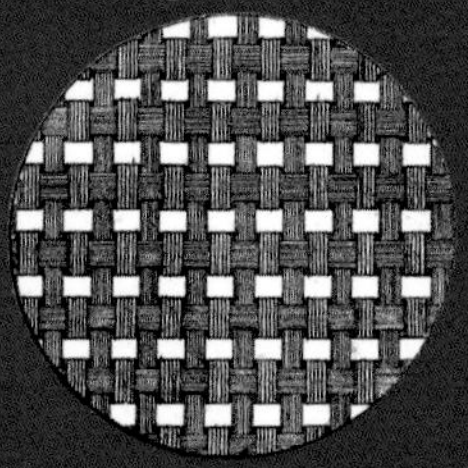

fig. D.

fig. E.

fig. F.

fig. 1.

fig. 2.

fig. 3.

fig. 4.

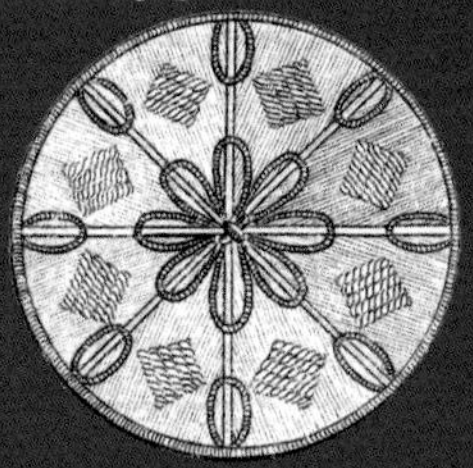

fig. 5.

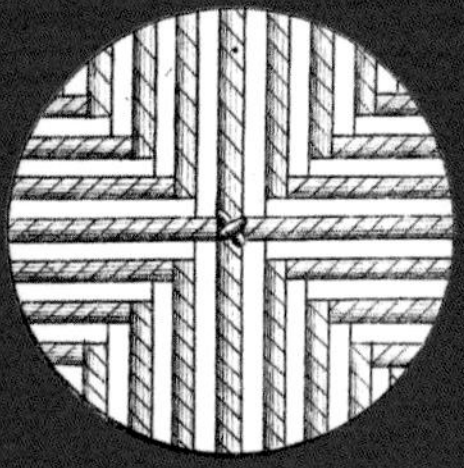

fig. 6.

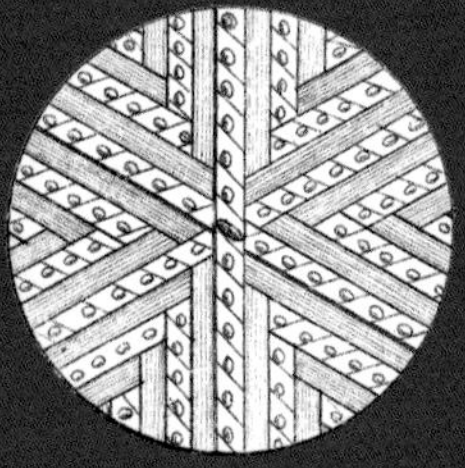

fig. 7.

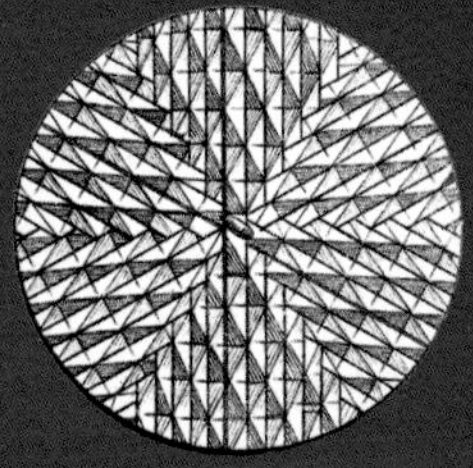

fig. 8.

fig. 9.

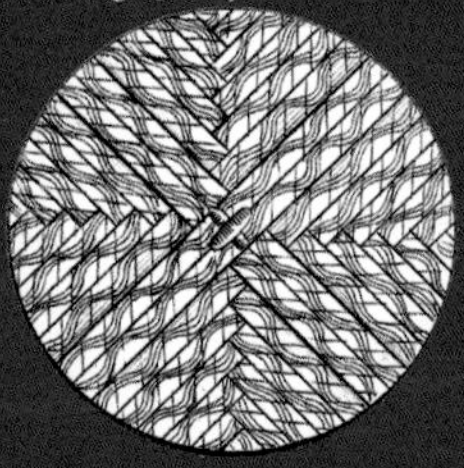

fig. 10.

fig. 14.

fig. 11.

fig. 15.

fig. 12.

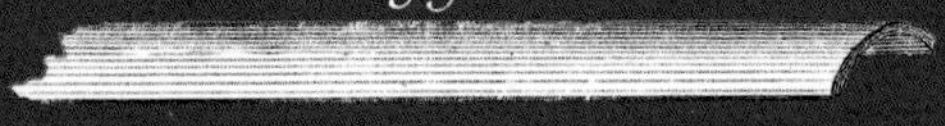

fig. 16.

fig. 13.

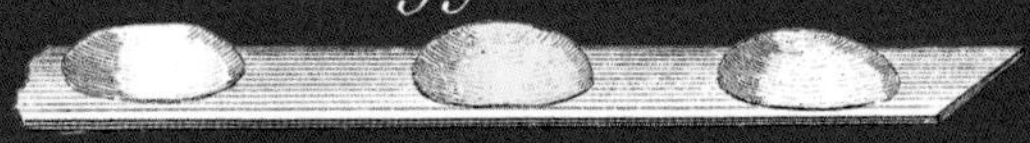

Bildtafel mit aufgelegten fertigen Knöpfen
Diderot und d'Alembert (Hrsg.)
Encyclopédie, Paris 1751 bis 1772, Band 19, Bildtafeln VI

Von links nach rechts, oben nach unten: gewölbter gedrechselter Knopfrohling, mit Garn, Metallgarn und Lahn gewebter Knopf, Schneckenknopf, Glatter Knopf mit Stickerei und Gorl, drei glatte Knöpfe, mit Lahn und Metallgarn gewickelt.
Trachtenkultur-Beratung Bezirk Schwaben, Inv.-Nr. T 13/0037g und Knöpfe von Monika Hoede, Kirchheim

Gestochene Knöpfe

Gestochener Knopf, frz. „bouton en points“

Gorlen, frz. „roster“

Knöpfe von Männerröcken
Bückeburger Trachtengebiet (oben), Stadthagen (unten), um 1860/1870.

Beim oberen Knopf ist der Gorl sternförmig geführt, im Zentrum des Sternes sind Rosetten aus dem Gorl gebildet, die wie eine Blüte wirken.
Die Knöpfe mit dem mehrreihig geführten Gorl wurden beim Knopfmacher in Stadthagen bezogen. Diese Form wurde nur im Lindhorster Trachtengebiet benutzt.
Jürgen Sturma, Minden

Dank der Übersetzung aus Diderots Enzyklopädie konnte die Technik der Gestochenen Knöpfe wieder neu erarbeitet werden. Wörtliche Übersetzung:
„ROSTER, ein Fachbegriff der Knopfmacher, ist eine spezielle Technik, um die Basis eines „bouton en points“ (Knopfes, der mit Stechahle gemacht wurde) mit Seide, Gold oder Silberfäden zu garnieren. Der Knopf wird in mehrere gleich große Partien aufgeteilt, in die die Fäden eng nebeneinander liegend eingewebt werden, wobei bei einem Teil der Partien die Fäden zusätzlich mit Seide oder Gold umwickelt (d.h. „roster“) werden, bei den anderen glänzend (Filamentgarn bzw. Sticktwist, flach nebeneinander liegend) belassen werden. Um diesen Effekt zu erreichen, wird ein etwas kräftigerer Hilfsfaden unter dem Knopf befestigt; man fädelt auf eine Nadel mehrere unversponnene Fäden Seide oder Gold und stellt sich gegenüber eine Fadenspule mit dem gleichen Material auf einen Ständer, auf dem sich die Spule leicht drehen kann. Die Nadel sticht am Anfang innerhalb/unter der Partie ein, die glänzend/glatt bleibt; sie kommt zwischen dieser Partie und der Partie mit Umwicklungen wieder heraus. Nun wird der Hilfsfaden, den man unter dem Knopf befestigt hat, zwischen den beiden größten Fingern gedreht; das Material, das sich auf der Fadenspule befindet, umwickelt dabei dasjenige, das auf die Nadel gefädelt ist, in der Länge der Partie, die man damit bedecken will; die Nadel wird unter der nächsten Partie durchgestochen, auf diese Art

Gestochene Knöpfe
Lindhorster Trachtengebiet, um 1880

Gunnar Heine

wird fortgefahren. Man wiederholt diese Operation meist mit fünf oder sechs Runden als Basis für den Knopf: Manches Mal macht man auch mehrere Touren der ROSTAGE über dem Knopf, um ihn zu dekorieren."[1]

Im Lindhorster Trachtengebiet wurden die aufwendigen Gestochenen Knöpfe bis in das 19. Jahrhundert angefertigt. Die Knöpfe sind über dem Grundgerüst aus farbigem Seidenfilamentgarn mit einer Auflage aus Folie versehen. Diese wird von der Tortenschnürung aus Metallgarnen gehalten, über der Wicklungen im Sternmuster ausgeführt sind. Aufwendig ist der nächste Arbeitsschritt, der Stern wird von Gorl gerahmt. Dabei handelt es sich um eine Gimpe, die direkt auf dem Knopf stückweise entsteht und jeweils in den Kreuzungspunkten eingebunden wird. Auf der Rückseite ist genau zu sehen, dass die Gimpe lediglich auf der Knopfoberseite gearbeitet wird. Gimpe bezeichnet ursprünglich eine Posamentenschnur, bei der ein weniger hochwertiges Kernmaterial (die sogenannte Seele) mit hochwertigerem Garn eng umwickelt ist.

1 Siehe Diderot, Bd. 14, S. 376f.

Gorl wiederum ist der Erzgebirgische Begriff für Gimpe, der heute nicht mehr gebräuchlich ist. Um die auf dem Knopf entstehende Gimpe von der Gimpe zu unterscheiden, die auf der sogenannten Gimpmühle produziert wird, haben wir für das Buch „Posamentenknöpfe“ den Begriff Gorl eingeführt.

Ein Teil der vermeintlich ebenfalls Gestochenen Knöpfe ist einfacher gearbeitet, die fertig gewickelte Gimpe ist aufgenäht. Auf der Knopfunterseite ist bei diesen Knöpfen die Gimpe deutlich zu sehen. Die rotgrünen Knöpfe wurden tatsächlich mit fertiger Gimpe gefertigt.
Die schwarz-lila Knöpfe sind Gestochene Knöpfe, allerdings wurde der Gorl auf der Rückseite des Knopfes weitergeführt und nicht in den Sternspitzen verankert.

Gimpen-Knöpfe
Lindhorster Trachtengebiet,
um 1880

Gunnar Heine

Knopfmacherei praktisch – Gestochener Knopf

1

Gorl wickeln
(obere Reihe)

1. Faden für Gorl einhängen.
2. Drehhaltung und Drehrichtung beachten (Drehrichtung nie ändern!).
3. Gorlwicklungen auf dem Arbeitsfaden mit den Fingern dirigieren.

Figur stechen
(unten)

4. Haltung beim Stechen, vor dem ersten Stich.
5. Der erste Stich ist durchgezogen.
6. Das Muster, die sogenannte Figur entsteht.

4

5

6

2

3

Werkzeug für Gorl
Spulenständer: Der Wickelfaden darf sich nur schwer abwickeln lassen.
Nadel: zum „Stechen“ der sichernden Zwischenstiche.
Dreh-Haltewerkzeug: zum Rotieren des Knopfes (nach Diderot geflochtene Kordel, ein Nagel oder eine runde festgenähte Nadel ist auch denkbar).

Auf der Garnspule: Wickelfaden.
Auf der Nadel: Der Anfang des Wickelfadens wird zum Arbeitsfaden bzw. zur Seele der entstehenden Gimpe.

A Grundlage glatter Knopf mit Grundgerüst aus drei Touren
B Folienspiegel
C Tortenschnürung aus drei Touren á 2 Wicklungen

Knopf-Mode gestern

Monika Hoede

Die historischen Knöpfe an Kleidungsstücken sind Herausforderungen für uns heutige Knopfmacher, bis ihnen das Geheimnis ihrer Herstellung entlockt wurde. Ohne diese Vorbilder wäre die Knopfmacherei immer noch ein eher unbekanntes Handwerk. Die theoretischen Beschreibungen in Publikationen aus dem 19. Jahrhundert und aus der ersten Hälfte des 20. Jahrhunderts erschließen nicht genügend Zusammenhänge, um Knöpfe nachzuarbeiten. Posamentierer haben selten mit der Knopfmacherei zu tun, daher sind auch in ihren Werkstätten wesentliche Herstellungsarten unbekannt. Erst mit der detailreichen Untersuchung erhaltener Knöpfe wurden Techniken wieder neu erarbeitet. Hinzu kommen die wenigen Hinweise, die in Trachtenregionen zur Knopfmacherei überliefert sind.

Es lag daher nahe, für die Ausstellung „Knopfmacherei" 2017 bei der Trachtenkultur-Beratung des Bezirks Schwaben Kleidungsstücke zusammenzustellen, die besonders spannende Details an ihren Knöpfen zeigen. Die Knopfmacherwerkstätten hatten sich häufig auf wenige Knopfmodelle spezialisiert. Deren Unterschiede macht eine Sortierung der Beiträge im folgenden Katalog nach Herkunft sinnvoll. Insgesamt bietet sich ein Einblick in die Vielfalt der Knopfmacher-Techniken. Bleibt die Frage, inwieweit der Kunde oder der Knopfmacher das Aussehen der Knöpfe beeinflusst hat.

Schwaben

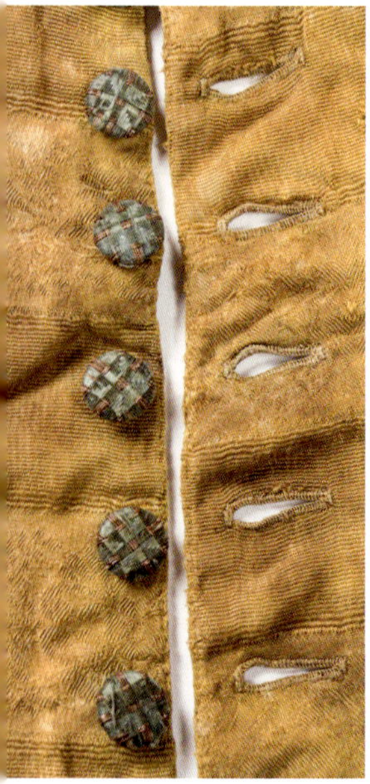

001

Ottobeurer Weste, um 1840

Ottobeuren

Knöpfe aus goldenem Metallgespinst und grünem reinseidenem Filamentgarn, quergestreifter gelber Seidenjacquard, Leinenfutter.

Die gelbe Seidenweste zeigt Knöpfe, die in einer relativ schlichten Technik gewickelt sind. Sie wirken vor allem durch die verwendeten Garne. Diese Knopfart findet sich häufig an Kleidungsstücken, die eher im Alltag getragen wurden.
Sie ist vergleichsweise schnell hergestellt und daher nicht so kostspielig.
Trachtenkultur-Beratung Bezirk Schwaben, Inv.-Nr. T04/0030

002
Hochzeitsweste, um 1870
Krumbach

Posamentenknöpfchen mit schneckenförmig eingewebtem Muster; weißer Seidenrips, Leinenfutterrücken mit Riegel, Schalkragen.

Die Weste gehört zu den städtischen Kleidungsstücken. Sie ist aus aufwendigem Seidenstoff genäht, der Rips ist an der Kante entlang, an den Taschen und am Kragen mit Blumenranken gemustert, die passend zum Westenschnitt im Stoff eingewebt sind. Parallel zur Kante sind aus nicht nachvollziehbaren Gründen Buntpapieroblaten aufgenäht.
Trachtenkultur-Beratung Bezirk Schwaben, Inv.-Nr. T 16/0050

Ries, nördliches Schwaben

Männerwesten, um 1860/1920
Ries

Posamentenknöpfe, Samt, Leinenfutter.

Im Ries wurde bis in die zweite Hälfte des 20. Jahrhunderts Tracht getragen.
In den protestantischen Ortschaften wurden die Herrenwesten mit einer dicht sitzenden Reihe Posamentenknöpfe verschlossen. Ein eigenwilliges Detail ist am Stehkragen zu finden: Oben sind die Knöpfe beidseitig aufgenäht.
Das Wickel- und Webmuster der Knöpfe aus seidenem Filamentgarn zitiert die kleinen geometrischen Muster des Samtes, aus dem die Westen genäht sind. Dieses Zitat im Zentrum des Knopfes wird von etwa drei Wicklungsrunden gerahmt. Die Knöpfe sind mit Kamelgarn schwarz eingefasst, was sie sehr haltbar macht.

Die Westen sind ohne Außentaschen genäht, eine große Eingrifftasche ist im Leinenfutter innen eingearbeitet.

003

Männerweste, um 1860/1920
Ries

18 Knöpfe, schwarzer Samt mit kleinen weißen Karrees, Leinenfutter.

Die Knöpfe haben durch die zwei weißen sich in der Knopfmitte kreuzenden Touren und den breiten schwarzen Rahmen ein sehr auffälliges Muster, sie sind schwarz eingefasst. Oben ist je ein Knopf auf beiden Außenkanten aufgenäht. Die Knopflöcher sind beidseitig lang gestochen, nur auf der linken Westenhälfte sind sie so weit offen gearbeitet, dass sie geschlossen werden können.
Heimatmuseum Oettingen, Inv.-Nr. 1672

004

Männerweste, um 1860/1920
Ries

18 Knöpfe, schwarzer Samt mit kleinen, versetzt angeordneten weißen Karos.

Innen im Auge sind die Knöpfe weiß und schwarz gestreift, sodass sich 9 weiße Tupfen ergeben, diese sind schwarz gerahmt, abschließend ist der Knopf schwarz eingefasst. Bei dieser Weste ist der oberste Knopf auf beiden Seiten der Außenkante aufgenäht.
Heimatmuseum Oettingen, Inv.-Nr. 2115
(Abb. zu 004 auf Folgeseite)

005
Männerweste, um 1860/1920
Ries

18 Knöpfe mit weiß und helllila gestaltetem Auge, dunkellila und schwarz eingefasst; schwarzer Samt mit kleinen weißen und lila Tupfen, Leinenfutter.

Bei dieser Weste sind die 18 Knöpfe so verteilt, dass die obersten beiden Knöpfe neben der Außenkante beidseitig auf der Krageneinsatznaht aufgenäht sind. Auch der Rahmen um das Auge des Knopfes ist mehrfarbig gewickelt, die Einfassung ist schwarz.
Heimatmuseum Oettingen, Inv.-Nr. 9995

Niederbayern

006
Männerkappe, Feierabendkappe, um 1880
Niederbayern (?)

Glatter Goldknopf; Fransen aus Goldgarn.

Die Feierabendkappen gehörten in den späten 1840er- bis 1880er-Jahren und darüber hinaus zur wärmenden Hauskleidung. Sie waren eine beliebte Liebesgabe und wurden in vielfältigen Handarbeitstechniken hergestellt. Anleitungen finden sich in entsprechenden Frauenzeitschriften.
Die ausgestellte Feierabendkappe wurde mit festen Maschen um eine Kordel gehäkelt, was ihr Stabilität verleiht. Das Muster am Rand entstand durch Garnwechsel. Auf dem Kopf ist sie mit einem sogenannten Glatten Knopf besetzt, unter dem eine Quaste aufgenäht ist.
Trachtenkultur-Beratung Bezirk Schwaben, Inv.-Nr. T01/0051

Franken

Mittelfranken, Oberfranken, Unterfranken

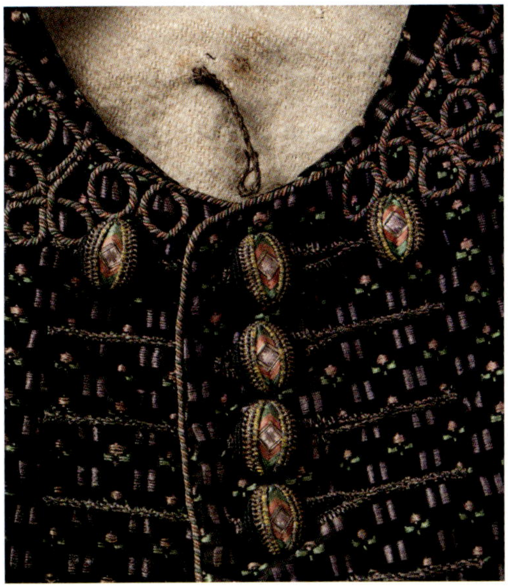

007
Männerweste, um 1860/1870
Mittelfranken, wohl Raum Hesselberg/ Dinkelsbühl.

18 Augenknöpfe, Quadratknopfwicklung mit Einfassung in Mandelform; Samt mit aufwendiger eingewebter Musterung (kleine Blüten und geometrisches Muster), Kordel.

Sämtliche Gestaltungselemente bei dieser Weste sind aufeinander abgestimmt. Die Knöpfe und die Kordel sind unter anderem mit Metallgarn hergestellt.
Die Knöpfe haben durch eine Wicklungsrunde Metallgarn um die inneren Touren und die Verwendung von Metallgarn bei den ersten beiden Einfassungsreihen in Mandelform einen starken augenförmigen Charakter. Die fünffarbig gedrehte Kordel ist um die gesamte Westen-Kante genäht und am Kragen außerdem in Schlaufen gelegt. Je zwei Schlaufen rahmen ein Dreiblatt aus drei Schlaufen.

Heimatmuseum Oettingen, Inv.-Nr. 11298

008

Oberteil, Körres, Mutzen, um 1890

Unterfranken, Poppenhausen

Posamentenknöpfe, Seide, Baumwollfutter.

Dieser frühe Körres ist am Halsausschnitt mit einer dreireihigen Tollfaltenwellenrüsche besetzt. Zuckerhutzacken ragen in die Kante. Am Ärmelsaum liegen mehrere Besätze übereinander – mittig eine Stäbchenrüsche mit halber Rosmarinrüschenkante zwischen Bandbesätzen mit Steppstichstickerei.

In den Rauten und Ellipsen, die sich durch die mit der Nähmaschine ausgeführte Stickerei ergeben, sind bunte Posamentenknöpfchen aufgenäht. Diese sehr kleinen, mit dem Knopfspulrad überzogenen Knöpfe wirken wie Pailletten. Das Loch in der Mitte des Knopf-Rohlings ist von den Fäden überspannt. Beim Annähen wird durch es hindurchgestochen, der gelbe Faden wirkt wie ein zusätzlicher Schmuck.
Trachtenkultur-Beratung Bezirk Schwaben, Inv.-Nr. 14/0011

009

Caraco, um 1800

Oberfranken, Wunsiedel (oder Umgebung)

Am Schnitt wird deutlich, dass das Vorderteil mehrfach geändert wurde, der Abnäher ist ergänzt und die Vorderkante verlegt. Die Taillenlinie ist hinten nach unten verlängert. Im Rückenteil ist der Schoß angeschnitten, drei Fischbeinstäbe sind in Kanäle eingearbeitet. Der Schoß fällt hinten in üppigen Wellen.

009

Caraco, um 1800

Oberfranken, Wunsiedel (oder Umgebung)

Die Knöpfe sind in Sternwicklung wahrscheinlich dreifarbig gearbeitet. Ein dunkles, ehemals wohl rotes Garn ist nur noch teilweise vorhanden. Oberstoff sogenannter Chintz (Baumwolle, bedruckt, gechintzt), Futter Leinen.

Die Jacke zeigt die Schnitt- und Verarbeitungsdetails des Caraco, einer Schoßjacke. Sie hat jedoch enge lange Ärmel. Erst mit den modischen Einflüssen aus England (etwa 1770–1795) kamen diese Ärmel auf. Der Caraco wurde ab 1798/99 vom Spencer abgelöst, der nur noch einen angedeuteten Schoß hat.
Caraco und Rock waren aus dem gleichen Material gearbeitet. Aufgrund der attraktiven Stofffülle haben sich die Röcke kaum erhalten, sondern wurden umgearbeitet.
Caraco-Kleider waren im 18. Jahrhundert weit verbreitet. Sie wurden zum Negligé, d.h. dem Straßen-, Reise- und Hausgewand, getragen.
Die Jacke wurde um 1950 aus dem Nachlass von Jette Russ, Wunsiedel erworben.
Fichtelgebirgsmuseum Wunsiedel, Inv.-Nr. 3943 [1]

[1] Vgl. Bianchi-Königstein, 2019, S. 50/ 51.

010

Schnepper, um 1830/1870

Mittelfranken, Pfofeld

Posamentenknöpfe, Viereckwicklung mit Rahmen, Einfassung in Mandelform, bedruckter Samt, braungrundig mit dunkelbraunen Pflanzenranken und grünen Punkten, Leinenfutter.

Der „Schnepper" hat im Rücken ein angeschnittenes spitz zulaufendes Schoßteil, eine Schneppe, die namengebend für diese Art Mieder ist. Sie ragt weit über die Taille und liegt auf dem Rock auf. Der Schnepper ist an der Kante mit Kordel besetzt, die ebenfalls von den Knopfmachern passend zu den Stoffen gedreht wurde. Vorne ist der Schnepper doppelreihig geknöpft. Die Knopfreihen laufen herzförmig aufeinander zu und treffen sich in einem mittleren Knopf. Die Oberkante des Halsausschnittes ist mit einer Tollfaltenrüsche besetzt.
Die gedruckten Samte finden sich eher an den älteren Trachtenstücken, die Samte mit Webmusterung sind jüngeren Datums.
Privatbesitz, Pfofeld

011

Brustfleck, ca.1880/90

Oberfranken, Forchheim

7 figurierte Goldknöpfe, mit Lahnringen („Cerceau"), Tortenschnürung, Gorl, Grundlage aus reinseidenem Filamentgarn. Oberstoff seidener Jacquard mit großflächiger Musterung, im Untergrund Ranken, darüber liegend bunte Blütenbouquets, Leinenfutter, rotes Moireeband als Einfassung der Ausschnitte und Vorderkante, außerdem gefältelter Bandbesatz um den Halsausschnitt.

Das „Brustfleck" genannte Mieder gehört zur Ausstattung einer Festtagstracht. Die Knöpfe sind mit einer Grundlage aus gelbgoldenem Seidenfilamentgarn belegt. Darüber liegen fast den gesamten Knopf deckend zwei Lahnreifen, sogenannte „Cerceau", die laut der Beschreibung in Diderots Enzyklopädie aus zu Ringen gelegtem Draht, der dann gewalzt wurde, entstehen.

Die Lahnringe werden von einer Tortenschnürung aus drei Touren gehalten. Die sternförmige Musterung und die Randeinfassung bestehen aus Gimpe bzw. Gorl (diesen Begriff hat die Trachtenkultur-Beratung geprägt, da Gorl auf dem Knopf direkt gewickelt wird im Gegensatz zu Gimpe). Gorl hat wie Gimpe eine Seele, den Trägerfaden, der von einem zweiten Faden umwickelt wird.
Maria Dörfler, Forchheim

12

Schwarzer Gehrock, ca. 1850

Oberfranken, Hausen

20 Rautenknöpfe mit Einfassung in Mandelform; Schwarzer Tuchstoff, grünes Futter.

Der Männerrock zeigt alle klassischen Verarbeitungsdetails eines Gehrocks der ersten Hälfte des 19. Jahrhunderts. Er ist doppelreihig geknöpft. Die Reversecken sind umgeschlagen, der Umlegekragen hat einen hohen Steg. Die großen Taschenpatten sind mit vier Zierknopflöchern versehen, hier sind keine Knöpfe aufgenäht. Der Rücken ist mit angeschnittenen Schoßfalten und Hakenschlitz gearbeitet. Die Zierpatten an den Ärmeln sind mit jeweils vier Knöpfen besetzt. Vermutlich stammt der Rock aus der Mitte des 19. Jahrhunderts und wurde bis um 1920 getragen.
Dorfmuseum im Greifenhaus, Hausen

013

Rote Weste, ca. 1850

Oberfranken, Hausen

Urspr. 18 Knöpfe, figurierter Goldknopf, mit Lahnringen („Cerceau"), Tortenschnürung, Kantillenstickerei (wirkt auf den ersten Blick wie Gorl), Grundlage aus reinseidenem Filamentgarn;
rotes Wolltuch, Leinenfutter, goldener Bandbesatz an der Vorderkante und am Halsschlitz.

Die rote Weste ist nur in den Bereichen mit goldenem Band besetzt, die unter einem Rock sichtbar sind. Das Band wurde vermutlich ebenfalls beim Knopfmacher gewebt.

Dorfmuseum im Greifenhaus, Hausen

014

Schaufelhut ca. 1850

Oberfranken, Hausen

Knopf mit Stickerei (Pinwheel Variante) über einem gewickelten Stern, mit Einfassung.

Der Hut hat eine breite Krempe, die an zwei Seiten aufgeschlagen ist, daher hat er seinen Namen. Er ist aufwendig verziert. Ein Samtband mit Hutschnalle liegt um den Gupf. Auf beiden aufgeschlagenen Hutkrempenseiten ist er mit Samtband und Seidengarnbommeln besetzt, das Samtband verläuft auf der linken Krempe in einem Bogen, der in kleine Fältchen gelegt ist. In diesem Bogen ist der Hut mit einem aufgenähten Knopf verziert.

Dorfmuseum im Greifenhaus, Hausen

Hessen

Hüttenberg, Wetterau, Hinterland

015

Hochzeitsjacke, vor/ um 1900
ursprünglich wohl Hüttenberg oder Wetterau, Ankauf in Watzenborn-Steinberg

22 Knöpfe, Tuchstoff, Samtband mit Webmusterung.

Die doppelreihig geknöpfte Tuchjacke wurde für die Hochzeit angefertigt. Lediglich die kleinen Knöpfe zeigen Farbigkeit. Die Grundlage aus hellem Garn mit blauen Streifen ist auf der Knopfoberseite mit einer sternförmig ausgeführten Stickerei verziert und gesichert, rundum sind schneckenförmig lila Spiralen eingewebt, die von oben kaum zu sehen sind.

Hinten hat die Jacke zwei kleine angeschnittene Schneppen. Im Rücken ist der Saum mit Samtband eingefasst.

Klaus Lang, Gießen

016
Frauenjacke, um 1900
Hüttenberg

22 halbkugelförmige Knöpfe mit Schneckenmuster. Oberstoff Tuchstoff, Futter Flanell, im Rücken Kordel an der Saumkante und Samtbesatz innen.

Die Jacke ist doppelreihig mit je acht leicht konisch verlaufend angeordneten Knopfreihen geknöpft. Die Knopfreihe am Untertritt wurde versetzt, außerdem sind an drei Knopflöchern Schlaufen eingeknotet, sodass die Jacke erweitert werden konnte.
Das Rückenteil ist mit Mittelnaht und zwei geschweiften Rückennähten zugeschnitten. Das Vorderteil hat nach hinten verlegte Nähte, hinten sind die Schneppen lediglich am Vorderteil angeschnitten.
Auf Höhe der Hüftknochen ist ein Keil bis zur Taillenlinie eingesetzt. Ab dem Keil ist eine Kordel am Saum angenäht, innen ist der Schoß mit Samt gefüttert. Die kleinen Keulenärmel haben einen im Ellbogenabnäher eingearbeiteten Ärmelschlitz mit Knopfverschluss.
In Schnitt und Verarbeitung zeigt die Jacke Details der Biedermeiermode um 1840.
Die bis um 2000 getragene Tracht wurde in ihrer Endphase mit einer extrem schlicht geschnittenen Jacke, dem „Motzen" mit angeschnittenen vorderen Schneppen und Fledermausärmeln, getragen.
Klaus Lang, Gießen

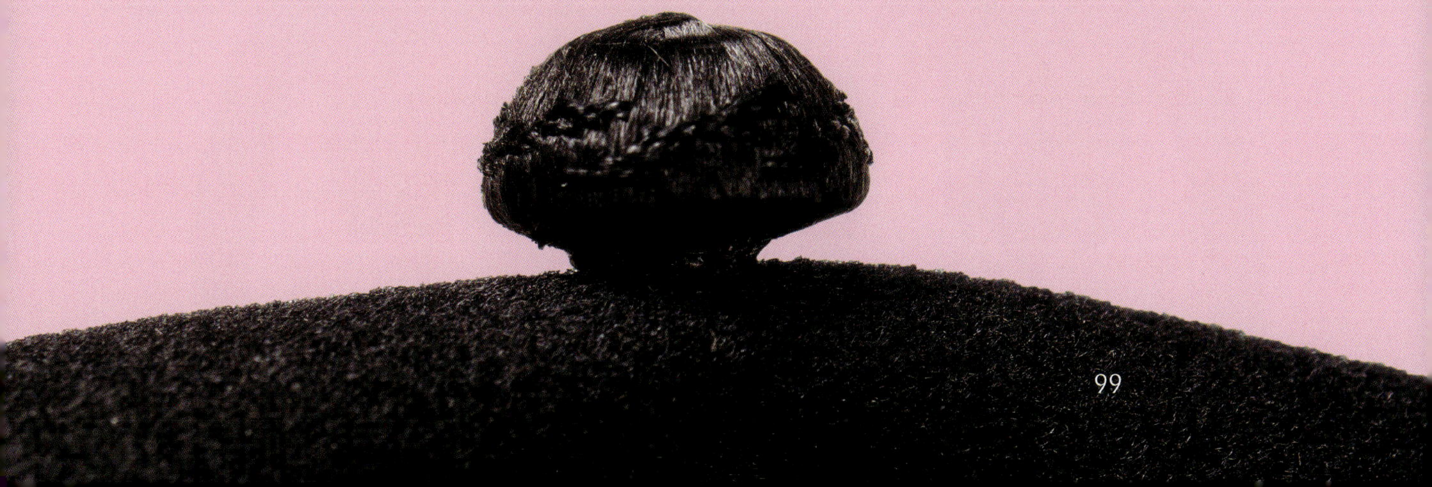

017

Hochzeitsjacke, um 1900

Wetterau, Münzenberg (?)

15 Glatte Knöpfe über einem Grundgerüst aus zwei Touren, mit einer Viereckwicklung als letzter Runde, mit Einfassung.

Schwarzer Tuchstoff, schwarzes feines Tuchfutter an den Vorder- und Saumkanten, Leinenfutter, im Rücken mit Fischbein (?) versteift.

Der Oberstoff ist ohne Einschlag verarbeitet, die Schnittkanten bilden die Saumkanten. Der Halsausschnitt ist rund und halsfern geschnitten. Die Vorderteile ragen bis zu den Rückenteilungsnähten, auf Höhe der Hüftknochen ist ein Schlitz bis zur Taille eingeschnitten, das Rückenteil hat eine beidseitig mit Fischbein versteifte Mittelnaht. Vorne und hinten sind Schneppen angeschnitten, die hinteren Schneppen liegen übereinander und sind mit einer Einlage versteift, der Zwei-Nähte-Ärmel hat einen mit je zwei Knöpfen verschlossenen Schlitz.
Der Schnitt und die Verarbeitung entsprechen Jacken aus der Zeit um 1800/1810.
Klaus Lang, Gießen

018

Wams, um 1910

Hinterländer Tracht des Breidenbacher Grundes, Wallau

Acht blaue Rautenknöpfe mit grüner Einfassung, Tuchstoff, Baumwollfutter, bestickter Samt.

Das Wams wurde über dem Unterrock und unter dem Mieder getragen. Die doppelte Knopfreihe ist unter der Miederschnürung zu sehen. Anhand der Farbe des Stoffes und der Knöpfe ist zu erkennen, dass das Wams für eine ältere Frau zum Kirchgang genäht wurde.
Das ungefütterte Wams ist aus Tuchstoff gefertigt. Unter der Vorderkante und am Halsausschnitt ist es mit Baumwollfutter verstärkt, innen ist der Saum des überlang zugeschnittenen Ärmels mit Samt belegt, sodass dieser beim aufgeschlagenen Ärmel zu sehen ist.
Die Einfassung der Hinterländer Rautenknöpfe zeigt eine Besonderheit, die bisher nur aus dem Hinterland bekannt ist. In die Grundlage aus Seidenfilamentgarn ist eine Raute eingewebt. Darüber wird ein Rahmen aus zwei Kamelgarnreihen angelegt, die Ecken sind verwebt. Um diese Ecken herum wird das Kamelgarn eingewebt und bildet durch die Weiterführung zur nächsten Ecke das Trägergarn für die einfassenden Languettenstichreihen.
Monika Hoede, Kirchheim

Schwälmer Tracht

Die Schwälmer Tracht ist die bekannteste hessische Tracht. Sie hat durch die Gebrüder Grimm und deren Märchensammlung und durch die Malerkolonie in Willingshausen einen hohen Bekanntheitsgrad. Ganz vereinzelt wird sie noch heute getragen.
Diese Tracht hat sich hauptsächlich in den Proportionen und Längenverhältnissen der einzelnen Kleidungsstücke geändert – Schwund- und Schwellformen prägen das Erscheinungsbild.
Bekannt ist beispielsweise, dass die Röcke immer zahlreicher wurden. Da damit auch das zu tragende Gewicht größer war, wurden sie gekürzt. Das führte dazu, dass es in der Schwalm normal war, das lange Hemd handbreit unter den Röcken sehen zu können. Typisch sind auch die mit jeder Generation kleiner werdenden Hauben, die sogenannten Kappen. Die Schnitte der Jacken entsprechen der Zeit um 1800.

Stracke Jacken, ab etwa 1900

Meist Werktagsjacken

Die „Stracken Jacken" haben ihren Namen von dem schlichten geraden Schnitt ohne Zierformen am Schoß. Sie haben lediglich Schulternähte und Rückenteilungsnähte, vereinzelt wurden Abnäher hineingemogelt. Die zweinähtigen sogenannten „halbärmeligen" Ärmel mit dem umgeschlagenen Aufschlag verraten noch den Ursprung des Schnittes aus der Zeit vor 1800. Sie wurden eher werktags getragen.
Monika Hoede, Kirchheim

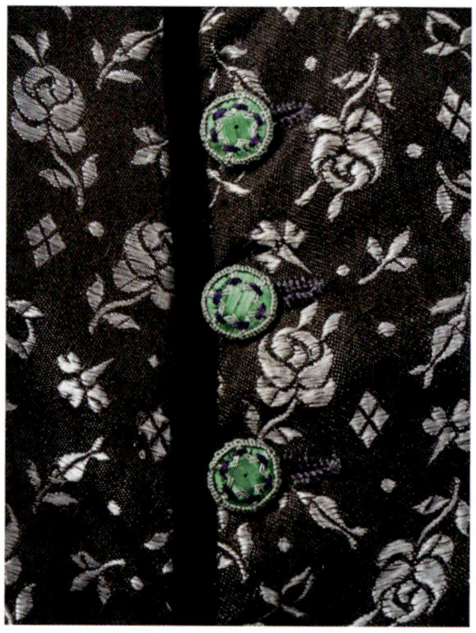

019 bis 021

Stracke Jacken, um/nach 1900

Schwalm, Treysa

Links: Schwälmer Knopf mit goldenem Grundgerüst aus Metallgarn, grün eingewebtem Stern, roten Messerspitzen und grüner Einfassung

Mitte: Schwälmer Knopf mit lila Grundgerüst aus Seidenfilamentgarn, schwarz eingewebtem Stern, grünen Messerspitzen, schwarzer Einfassung

Rechts: Schwälmer Knopf mit grünem Grundgerüst aus Seidenfilamentgarn, grün eingewebtem Stern, lila Messerspitzcn, grüner Einfassung

Rot wird von Schwälmer Mädchen bis zur Verheiratung bevorzugt. Ehefrauen tragen bis zum Alter von etwa 40 Jahren eher grüne, bis zum 50. Lebensjahr eher lila Farben.

Monika Hoede, Kirchheim

022 bis 024

Stracke Jacken, um/nach 1900

Schwalm, Treysa

Links: Schwälmer Knopf mit lila Grundgerüst aus Seidenfilamentgarn, schwarz eingewebtem Stern, lila Messerspitzen, schwarzer Einfassung

Mitte und rechts: Schwälmer Knopf mit schwarzem Grundgerüst aus Seidenfilamentgarn, schwarz eingewebtem Stern, schwarzen Messerspitzen und schwarzer Einfassung

Ab dem 40. bis zum 50. Lebensjahr herrscht die Farbe Lila in der Kleidung der Schwälmer Trachtenträgerinnen vor, danach wird bis zum Lebensende und vor allem bei Trauer Schwarz getragen.
Monika Hoede, Kirchheim

Trolljacken, ab 1800/1830

Trolljacken haben einen herzförmigen samtbandbesetzten Klappenverschluss und einen entsprechend der Stoffmusterung in Falten gelegten schmalen Schoß. Sie wurden zum Kirchgang getragen.
Ab der zweiten Hälfte des 20. Jahrhunderts wurden nur noch die schwarzen Trolljacken zum Abendmahl und bei Beerdigungen von Verwandten getragen.

025
Trolljacke, um 1900
Schwalm

Schwarzgrundige Seide, Samtband.
Monika Hoede, Kirchheim

026
Trolljacke, um 1900
Schwalm

21 Knöpfe, grüner Wollstoff, Flanellfutter, Samtband.

Diese Jacke ist am Ärmelsaum mit gezackt ausgeschnittenen Samtapplikationen und Stickerei verziert.
Sandra-Janine Müller, Waldstetten

027

Trolljacke für ein Mädchen, um 1910/1930

Schwalm

Schwälmer Knöpfe, Seidenjacquard, Leinenfutter, Samtbandeinfassung.

Die Jacke ist mit den aufwendigsten Schwälmer Knöpfen besetzt. Der Stern ist ab der ersten Runde aus Metallgarn gewebt, wahrscheinlich sind die ersten Runden silberfarbig gewesen und die letzten drei Runden golden, die Messerspitzen sind mit reinseidenem Garn rot eingewebt, die Einfassung ist mit grünem Zwirn ausgeführt.
Annemone Zamoscik, Mering

028

Trolljacke für ein Mädchen, um 1910/1930

Schwalm

Schwälmer Knöpfe, Seidenjacquard, Leinenfutter, Samtbandeinfassung.

Die Jacke ist mit schlichten Schwälmer Knöpfen besetzt. In breite Touren aus Metallgarn ist mit grünem Garn sternförmig eingewebt, rote Messerspitzen geben Halt, der Knopf ist nicht eingefasst.
Annemone Zamoscik, Mering

Schaumburger Land

Lindhorster Tracht

Jürgen Sturma

Frauenwams, sog. Bostdauk, Ende 19. Jh.

Wie in allen Schaumburger Trachten hat sich im 19. Jahrhundert das Frauenwams mit Ärmeln in eine Unterjacke mit Ärmeln und ein westenartiges Wams getrennt. Im Lindhorster Trachtenbereich wurden die Westen „Bostdauk“, Brusttuch, genannt. Das Wams ist mit Bändern besetzt und hat auf der Vorderseite elf Knöpfe und Knopflöcher auf einer etwa herzförmigen Klappe sowie einen mittigen zwölften Knopf. Nur eine Seite kann geknöpft werden.
Trachten wurden stets anlassgebunden getragen. So ließ sich auch im Lindhorster Gebiet zum Beispiel die jeweilige Trauerstufe durch die Verwendung mehr oder weniger farbiger Materialien unter anderem am Wams und seinen Knöpfen ablesen.

029
Bostdauk für Freudenzeit, ‚echte rot‘
Trachtengebiet Lindhorst

12 rot-grüne Knöpfe mit Folienunterlage und 12 Knopflöcher, schwarzes Wolltuch, mit rot in rot gemustertem Seidenband besetzt, Baumwollfutter.
Jürgen Sturma, Minden

030
Bostdauk für Verheiratete, ‚lila-grün'
Trachtengebiet Lindhorst

Ursprünglich 10 grün-rote Knöpfe mit lila Folienunterlage und 10 Knopflöcher, schwarzer Seidenjacquard mit grünen Stickblümchen, mit grün-lila gemustertem Seidenband besetzt, Baumwollfutter.
Trachtenkultur-Beratung Bezirk Schwaben, Inv.-Nr. T99/0199

031
Bostdauk für Halbtrauer, ‚blau'
Trachtengebiet Lindhorst

12 lila Knöpfe mit Folienunterlage und 12 Knopflöcher, schwarzes Wolltuch, mit blau gemustertem Seidenband besetzt, Baumwollfutter.
Jürgen Sturma, Minden

032
Bostdauk für Halbtrauer, ‚schwarz-weiß'
Trachtengebiet Lindhorst

12 schwarze Knöpfe mit Silberdraht und 12 Knopflöcher, schwarze Seide mit grauen Blumen, mit schwarz gemustertem Band besetzt, Baumwollfutter.
Jürgen Sturma, Minden

033

Schwarzer Kirchenrock, ca. 1860/70

Trachtengebiet Lindhorst

42 übersponnene große schwarze Knöpfe mit Gimpe bzw. Gorl, schwarzes Tuch, schwarzes Baumwollfutter.

Der Rock wurde von verheirateten Männern zum Abendmahl getragen. Auffallend sind hier die überlangen zweiteiligen Ärmel. Die großen schwarzen Knöpfe mit Gorl wurden beim Knopfmacher in Stadthagen bezogen. Diese Form wurde nur im Lindhorster Trachtengebiet benutzt. Die Männertrachten waren hier in den 1920er-Jahren bis auf Rudimente verschwunden.

Jürgen Sturma, Minden

Bückeburger Trachtengebiet

Jürgen Sturma

Männerjacke, sog. Kaput

Als die Tracht allmählich aus der Mode kam, wurde dem Kaput, der Jacke, als Oberbekleidung der Vorrang gegeben. Zuvor wurde es über einer oder zwei Westen getragen. Darüber zog man einen weißen Leinenkittel mit rotem Wollfutter.

034
Männerjacke, sog. Kaput, ca. 1880
Trachtengebiet Bückeburg

48 violette Schneckenknöpfe und violette Knopflöcher, schwarzes Tuch, Leinenfutter.

Im Bückeburger Trachtengebiet hat man für die Männerjacken eine besondere Vorliebe für die kleinen umwickelten und spiralig durchwebten Knöpfe entwickelt. Da die Knöpfe sehr klein waren, hatten mehr davon auf der Jacke Platz, so weicht die Anzahl der Knöpfe auf dieser Jacke von den üblichen 36 Knöpfen ab.
Jürgen Sturma, Minden

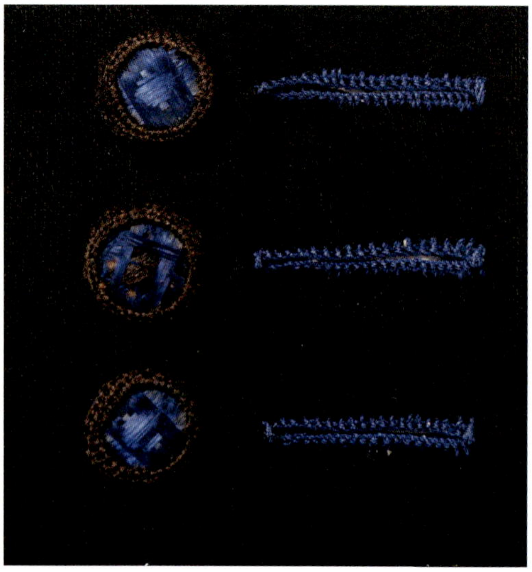

035

Männerjacke, sog. Kaput, ca. 1880
Trachtengebiet Bückeburg

36 blau-braune Rautenknöpfe,
4 schwarze sechsteilige Knöpfe,
schwarzes Tuch, Leinenfutter, blaue Knopflöcher.

Die Anzahl der Knöpfe folgt den traditionellen Vorgaben für das Bückeburger Trachtengebiet, d.h. 18 Knöpfe je Seite. Ungewöhnlich ist die braune Knopfeinfassung, während sonst der schwarzen Einfassung der Vorrang gegeben wurde. Interessant ist, dass an beiden Ärmeln der alte Typ des sechsteiligen Knopfes verwendet wird. Da die Farbe nicht mit den anderen Knöpfen korrespondiert, kann man vermuten, dass diese Jacke eher alltags getragen wurde oder einer Person der bäuerlichen Unterschicht gehörte.
Jürgen Sturma, Minden

Friller Trachtengebiet

Jürgen Sturma

036

Männerweste, etwa 1890/1900
Trachtengebiet Frille

24 blau-schwarze Rautenknöpfe und blaue Knopflöcher, gepunkteter Samt. Leinenfutter.

Die Friller Männertrachten wurden um die Wende zum 20. Jahrhundert aufgegeben. Auf den erhaltenen Westen finden sich ausnahmslos die Rautenknöpfe, die im Friller Trachtengebiet außerordentlich beliebt waren. Die Friller Männer- und Frauentrachten standen unter einem starken Einfluss des Empire. Die Taille der Kleidungsstücke sitzt kurz unter den Armen. Daher sind die Männerwesten und die Frauenwämser sehr kurz.
Jürgen Sturma, Minden

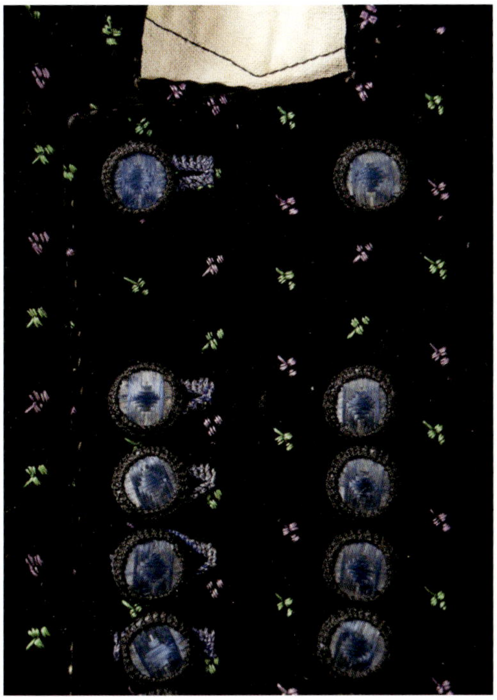

Schulfoto, um 1890
Leteln bei Minden

Wie auf dem Schulfoto aus Leteln bei Minden deutlich wird, tragen um 1890 fast alle Jungen noch die Friller Tracht. Wie bei den Erwachsenen sitzt auf der Weste eine Doppelreihe umsponnener Knöpfe „Kamailgoarnsknööpe".
Jürgen Sturma, Minden

037

Frauenwams, sog. Binnenwams, für Freudenzeit, etwa 1860

Trachtengebiet Frille

Ein sechsteiler Knopf mit Knopfloch, bedruckter brauner Samt, Leinenfutter, durchwebte Samtbänder.

Mitte des 19. Jahrhunderts wurde im Trachtengebiet Frille bedruckter Samt verwendet, der später von Samt mit eingewebten Punkten abgelöst wurde (siehe Friller Männerweste). Der Rücken des Frauenwamses ist mit der sog. „Kniepe" bestickt, die in ihrer Farbigkeit zusammen mit dem Oberstoff und den Bändern auf die Trauerstufe hinweist, in diesem Falle „Freudenzeit". Die Stickerei wurde in dem sog. „Kameilgoarn", einem Kamelhaargarn, gefertigt, das auch für die Ränder der Knöpfe benutzt wurde. Später trat für die Stickereien an die Stelle des Kamelhaargarns eine ungezwirnte Seide, die auch für die Bespannung der Knöpfe verwendet wurde.
Die Schmuckbänder sind aus Bindebändern hervorgegangen (daher der Name „Binnenwams").
Jürgen Sturma, Minden

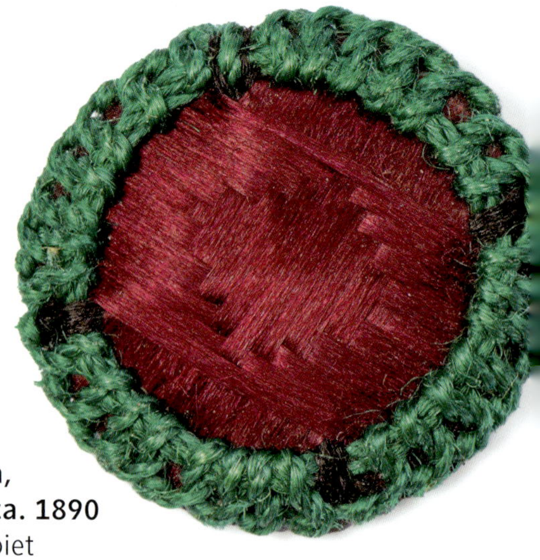

038

Armmanschetten,
sog. Handinger, ca. 1890

Friller Trachtengebiet

Je drei Rautenknöpfe mit Knopflöchern, durchwebtes Samtband, Brokatband, Wollfutter.

Zur Frauentracht wurden unter der langärmeligen Jacke die sog. Handinger getragen, die ein wenig unter dem Ärmel hervorschauten. Zu Beginn des 20. Jahrhunderts wurden die Handinger von gestrickten „Perlmauen" abgelöst, in die Glasperlenmuster hineingestrickt wurden. Neben dem Binnenwams sind die Handinger die wenigen Kleidungsstücke der Friller Frauentracht, an denen umsponnene Knöpfe verwendet wurden.

Jürgen Sturma, Minden

Städtische Kleidungsstücke

039

Kleidoberteil, um 1900

Hirschfelden

Gewürfelter Knopf, Spitzen von einem Hochzeitskleid (Walli Jäckle, Hirschfelden), Änderung für Fasching um 1970.

Der gewürfelte Knopf ist aus Gimpe gearbeitet. Über einem drei Wicklungen breiten Grundgerüst ist das schlichte Webmuster gearbeitet. Es wird mit breiten Rückstichen aus Kördelchen gesichert, die wie eine Einfassung wirken.

Trachtenkultur-Beratung Bezirk Schwaben, Inv.-Nr. T 02/0034

040

Frauenmantel, um 1910

Stuttgart

Schwarzer Mantel aus Ripsstoff, breiter Umlegekragen, an den Kanten Bändchenspitze, Verschluss durch zwei große Posamentenknöpfe, innen als Gegenknopf ein kleinerer Posamentenknopf.
Trachtenkultur-Beratung Bezirk Schwaben, Inv.-Nr. T 16/0024

041

Hemdbluse, um 1890

Krumbach

Schwarze, schlicht geschnittene, reinseidene Bluse mit Ärmeln mit Aufschlag, besetzt mit kugelförmigen Posamentenknöpfchen (umstickt mit Langettenstichen), Verschluss mit Druckknöpfen.
Trachtenkultur-Beratung Bezirk Schwaben, Inv.-Nr. T 16/0197

042

Blaues Kleidoberteil,
schlichte, mit dem Knopfspulrad umsponnene Zierknöpfchen.
Trachtenkultur-Beratung Bezirk Schwaben, Inv.-Nr. T 16/0197

Mode-Knopf heute

Sandra-Janine Müller

Zu Beginn der intensiven Recherche für das Buch „Posamentenknöpfe“ Anfang der 2000er-Jahre rechnete niemand mit der großen Resonanz, die sein Erscheinen 2014 auslösen sollte. Praxis-Kurse und das Internet brachten das Knopf-Wissen weiter in Umlauf. 2020 waren schon um die 4000 Exemplare des Buches verkauft. Heute gilt es als Grundlagenwerk und inspiriert eine internationale Fangemeinde.

Um bei aller Do-it-yourself-Begeisterung das hohe Niveau des alten Handwerks zu würdigen, bietet die Trachtenkultur-Beratung seit 2016 das Knopfmacher-Zertifikat an. 99 vorgegebene Posamentenknöpfe müssen hierfür angefertigt werden. Es folgen eine praktische und eine schriftliche Prüfung. Dabei wird das Beherrschen von historischen Techniken und Begrifflichkeiten nachgewiesen. Aber auch die Fähigkeit, traditionelle Muster selbstständig weiterzuentwickeln.

Viel Erfindungsreichtum zeigte 2017 die Ausstellung zur Knopfmacherei in Krumbach. Sie ließ die große Bandbreite an Anwendungs-Möglichkeiten für Posamentenknöpfe erahnen und erstaunte mit modernen Knöpfen in originellen Technik-Kombinationen. Seither geht die Entwicklung stetig weiter: Die umsponnenen Knöpfe von gestern haben wieder einen festen Platz gefunden in der Kreativ-Welt von heute!

Kleidung

043
Jackett, 2017

Durch Upcycling wird aus etwas Gebrauchtem etwas Neuwertiges. Zum Beispiel verwandelt sich ein geerbtes Trachtenmoden-Jackett zum auffälligen Einzelstück. Durch den Austausch der Knöpfe bekommt der Janker einen ganz neuen Charakter. Dieser wird unterstrichen von einer Schiebermütze mit Posamentenknopf-Anstecker.
Markus Frick, Waldstetten

044
Zwei Herbst-Ensembles, 2013/2015

Beide Strickjacken-Modelle (Abb. oben und rechts) sind mit einem runden Saum gestaltet und spielen mit Farbverläufen. Sie werden ergänzt durch passende gefilzte Umhänge-Taschen. Ein Stirnband bzw. ein Hut runden die Outfits ab. Jedes Teil ist mit Sternknöpfen in unterschiedlichen Varianten verziert.
Kathrin Robl, Falkenstein

045
Winterjacke, 2009/2014

Oben herum ist die Jacke nach einem Biedermeierschnitt mit weiten Ärmeln ausgeführt, mit Borten verziert und mit gestreiften Posamentenknöpfen verschlossen. Im unteren Teil sind Taschen aufgesetzt, innen verbirgt sich ein Futter aus einem alten Autositzbezug und Kunstfell in Leo-Optik.
Sandra-Janine Müller, Posamentenknopf-Manufaktur, Waldstetten

046
Umstandsmantel, 2015

Der raffiniert geschnittene Mantel aus wärmenden Walkstoffen, versehen mit breitem Schalkragen und Ärmelaufschlägen, lässt genügend Platz für einen Babybauch. Er ist rationell verarbeitet und entstand an einem Tag. Die auf den Stoff abgestimmten, filigran überwebten Glatten Knöpfe waren dabei das Aufwendigste.
Brigitte Mayr-Seidl, Bernried

047
Männerweste, 2015

Die Herrenweste aus besticktem Samt wurde von der Schneiderei Fröhlich gefertigt. Der Stehkragen ist an der Kante mit einer Kordel besetzt. Die zahlreichen mustergleichen Posamentenknöpfe gestaltete der Träger selbst. Das Kleidungsstück hat sowohl ober- also auch mittelfränkische Einflüsse.
Walther Appelt, Marloffstein

048
Männerweste, 2011

Die Weste gehört zu den Mustertrachten der Trachtenkultur-Beratung. Der Schnitt wurde nach Vorbildern aus der Rokokozeit entwickelt. Auch die Kantengestaltung entspricht den historischen Verarbeitungstechniken. Bei den dicht liegenden Knöpfen nach Ottobeurer Art wurden beim Annähen an den Stoff die vier Innenwinkel der obersten Wicklungen gesichert.
Trachtenkultur-Beratung Bezirk Schwaben, Krumbach

049
Kurzmieder, 2011/2015

Inspiriert von mittelfränkischen Trachten der Weißenburger Gegend, ist dieses kurze Mieder mit herzförmigem Verschluss, auswechselbarer Faltenrüsche und spitz zulaufender Verlängerung im Rücken entstanden. Die viertourigen überwebten Stern- und Glatten Knöpfe sind in Anlehnung an das fränkische Wappen, den rot-weißen Rechen, gestaltet.
Sandra-Janine Müller, Posamentenknopf-Manufaktur, Waldstetten

050
Lederjacke, 2015/2017

Die Lederjacke aus einem Secondhandladen ist mit verschiedenen Posamentenknöpfen, Dosenlaschen, Ketten und Fundstücken aufgepeppt. Die detailreich gewebten Knöpfe mit bildlichen Motiven folgen ebenso dem Thema „Punk" wie das Halsband aus Jeansresten, Stoffblüten, Knöpfen und Ketten.
Sandra-Janine Müller, Posamentenknopf-Manufaktur, Waldstetten

meine Heimat
ist bunt

051
Stulpen, 2015

Die spitz zulaufenden Handstulpen sind aus Walkstoffresten genäht. Aufgesetzte Blütenblätter und Stoffrosetten aus demselben Material sowie Perlen und kleine Zwirnknöpfe auf dem Handrücken machen sie zu dekorativen und nützlichen Accessoires für die kalte Jahreszeit.
Sandra-Janine Müller, Posamentenknopf-Manufaktur, Waldstetten

052
Werktagsgewand, 2011/2016

Das klassisch verarbeitete schwäbische Werktagsgewand aus Bluse, geknöpftem Leibchen, langem Rock und Schürze wird durch die Materialwahl zur individuellen Kleidung. Hierzu tragen auch die detailreich in Zwirnknopfmanier gewickelten und bestickten Knöpfe, die winzigen Hemdenknöpfe und das Zwirnknopf-Collier bei.
Monika Hoede, Kirchheim Schwaben

053
Zwei Hüte, 2016

Der Herrenhut aus den 1950er-Jahren ist mit einem farbigen Posamentenknopf aufgehübscht. Den Damenhut aus der ersten Hälfte des 20. Jahrhunderts ziert zusätzlich zum Federschmuck eine Stoffrosette samt Knopf. Eine große Knopfbrosche in verwandter Technik und Farbigkeit hält den Pelzkragen zusammen.
Annemone Zamoscik, Mering

Schmuck

054
Schmuckset, 2016

Das Schmuckset besteht aus einem Ring und Ohrringen sowie einer zweifarbigen Gliederkette. Der Knopfanhänger ist mit einer Spiegeleinlage versehen, die durch eine wabenförmige Webung fixiert ist. Alle Knöpfe vereint die Farbzusammenstellung und die Verwendung von Perlen, neonpinkfarbener Sockenwolle und Lurexgarn.
Sandra-Janine Müller, Posamentenknopf-Manufaktur, Waldstetten

055
Haarschmuck, 2015

Die Blütenblätter sind in Ganutell-Technik aus Silberdrahtspiralen entstanden, die mit weißem Garn bewickelt wurden. Ein klassischer Zwirnknopf mit eingearbeiteten zartgrünen Rocailles-Perlen ziert die Blütenmitte. Die Haarspange wurde von der Trägerin passend zu ihrem Hochzeitskleid gefertigt.
Brigitte Mayr-Seidl, Bernried

056
Fünf Broschen, 2017/2018

Bei den drei besonders großen Knöpfen ist das Grundgerüst in sich verwebt, der Kontrast mit Schwarz setzt zusätzlich Akzente. Sie lassen sich ebenso als Broschen verwenden wie die Blüten aus gefalteten Stoffresten, die mit einer farblich abgestimmten Knopfmitte versehen sind.
Elisabeth Schwaiger Lipp, Winterbach-Waldkirch

057
Halskette, 2018

Aus bunt geringeltem Stoff ist dieser südamerikanisch anmutende Halsreif mit Schleifenverschluss genäht. Ein angenähter Karabiner trägt einen mehrfach bewebten und überstickten farbenfrohen Posamentenknopf mit einer kleinen Quaste als Anhänger.
Sandra-Janine Müller, Posamentenknopf-Manufaktur, Waldstetten

058
Brosche, 2014

Der Knopf mit klarem Design in komplexer Technik ist in eine Broschenfassung genäht und mit einem baumelnden Anhänger versehen. Über einen gewölbten Rohling ist ein „Zauberstern" (inzwischen auch als Fünfzack bekannt) eingewebt und mit einem Gorlrahmen sowie einer Kanteneinfassung versehen.
Monika Hoede, Kirchheim

059
Halskette, 2016

„Von dr Alb ra" hieß eine Ausstellung in der Kreisheimatstube Stoffenried, die Sandra Müller im Namen der Trachtenkultur-Beratung mit organisierte und bei der es um evangelische Trachten um 1900 ging. Angelehnt an den traditionellen „Rösslein-Taler", der an einer langen Schieberkette getragen wurde, entstand dieser Zwirnknopf mit Kronkorken-Einlage.
Sandra-Janine Müller, Posamentenknopf-Manufaktur, Waldstetten

060
Halskette, 2017

Auf einen Halsreifen aus Draht ist ein auffällig großer Knopf mit Einfassung genäht. Der Holzrohling schimmert bewusst unter den Wicklungen hervor, die kreativ übereinandergelegt und an bestimmten Kreuzungspunkten zusammengezogen sind.
Gabriele Salevsky, Simmelsdorf

061
Halskette, 2016

Ein besonders großes Innenleben steckt in diesem gewölbten Posamentenknopf mit aufwendiger Webmusterung. Auf der Rückseite ist der Anhänger so an einem Lederband befestigt, dass er an dessen beiden Enden wie bei einer „Cowboy-Krawatte" verschiebbar ist.
Claudia Seyfried, Memmingen

062

Zwei Halsketten, 2017

Die beiden Schmuckstücke sind als sogenannte Statement-Ketten mit auffälligem Design gestaltet. Auf einer schildartigen Grundlage aus Filz sind Perlen- und Paillettenstickereien, Netzgewebe, Blütenblätter aus Stoff, Zwirnknöpfe und Knopfrohlinge detailreich aufgebracht.
Cornelia Lovermann, Friesenried

063
Halskette, 2016

Aus vielen kleinen Rocailles-Perlen ist eine lange Kette aufgefädelt. Die Glasperlen setzen sich als Rahmen um den zentralen Anhänger fort. Dieser besteht aus einem Viktorianischen Knopf mit einer Grundlage aus glänzendem Taftstoff.
Claudia Seyfried, Memmingen

064
Halskette, 2016

Der originelle Anhänger besteht aus zwei unterschiedlich großen Lederstücken in Tropfenform, eines hell und eines dunkel, die durch eine Lederschnur zu einer Art Schale verbunden sind. Darin sitzt ein glänzender gewölbter Knopf nach Ottobeurer Wicklung.
Elisabeth Mairhanser, Vierkirchen

065
Kettenanhänger, 2020

Durch eine genähte Fadenöse kann der aufwendige Zwirnknopf mit zwei einander überlagernden Sternen und eingestickten filigranen Blüten für vielerlei Zwecke verwendet werden, zum Beispiel als Kettenanhänger oder mit einem Fadenaufhänger als Fensterschmuck.
Monika Hoede, Kirchheim

066
Kettenanhänger, 2016

Der Knopf vereint mit Spiegeleinlage, Wabenwebung, Gorl und Quaste mehrere komplexe Techniken. Die praktische Idee, als Anhängeröse einen kleinen Karabiner zu verwenden, um verschiedene Ketten nutzen zu können, verbreitete sich schnell in der Knopfmacherwelt.
Monika Hoede, Kirchheim

067
Halskette, 2015

Als Ketten-Anhänger an einem Schnürsenkel ist dieses Selbstportrait in einen Zwirnknopf gestickt. Kaum war das „Knopf-Selfie" auf Facebook präsentiert, gab es zahlreiche Nachahmer. Inzwischen sind bildliche Stickereien öfter zu finden. Als Verzierung dient ein Schlüsselschild.
Sandra-Janine Müller, Posamentenknopf-Manufaktur, Waldstetten

068
Halskette, 2016

Knopf an Knopf mit regelmäßigem Abstand reihen sich farblich aufeinander abgestimmte Posamentenknöpfe in unterschiedlichen Techniken und Größen um einen Drahtreifen und bilden so ein elegantes Collier.
Claudia Seyfried, Memmingen

069
Halskette, 2018

In Häkeltechnik ist diese textile Kette aus verschiedenen Baumwollgarnen und kleinen blauen Rocailles-Perlen entstanden. Sie trägt einen großen Zwirnknopf-Anhänger, dessen Sternmuster die Farben der Kette aufgreift.
Elisabeth Schwaiger Lipp, Winterbach-Waldkirch

070

Halskette und Haarclips, 2017

Eine Satinschnur ist zu Brezel- oder Münzknoten verschlungen und wird durch einen Knebelknoten zum Halsband.
Ein aufgenähter Krumbacher Knopf bzw. Macclesfield-Star veredelt die Kette.
Die zwei Haarspangen in Farbtausch-Optik sind mit Zwirnknöpfen im Wagenrad-Muster besetzt.
Brigitte Mayr-Seidl, Bernried

072
Armband, 2017

Das Farbenspiel der Edelsteine findet sich im eingearbeiteten Sternknopf wieder. Besonders edel wirkt die Kreation dabei durch die parallel verlaufenden Stränge von Süßwasserperlen, Türkisen und Bergkristallen, die den großen Knopf in Position halten und in Szene setzen.
Elisabeth Schwaiger Lipp, Winterbach-Waldkirch

071
Ohrringe, 2017

Durch die Farbwahl wirken die beiden sehr kleinen schlichten Zwirnknöpfe wie zwei strahlende Sonnen oder Sterne. Auf der Rückseite jedes Knopfes ist ein Ohrhaken angenäht.
Gabriele Salevsky, Simmelsdorf

Taschen

073
Handtasche, 2017

Eine passende Bühne bereitet der schwarze Untergrund der Ton in Ton angefertigten Knopfgruppe. Die Handtasche mit Patte ist komplett aus Papiergarn gehäkelt.
Elisabeth Schwaiger-Lipp, Winterbach-Waldkirch

074
Reißverschlusstasche, 2016

Der praktische Kulturbeutel aus Baumwolldruckstoff mit Elefantenmotiv bekommt kleine Hingucker durch den zweifarbigen Reißverschluss und die Lasche mit Knopfbesatz.
Birgit Walkowiak, Emmering

075
Reißverschlusstasche, 2017

Das optisch zweigeteilte Reißverschlusstäschchen aus Samt ist mit farblich passenden Blüten aus Stoffresten sowie mit Zwirnknöpfen und Zwirnknopf-Rohlingen besetzt.
Christine Linder, Lamerdingen

076
Drei Pattentaschen, 2016

Die drei wattierten Täschchen mit Schlaufenverschluss bieten Platz für allerlei Kleinkram. Sie wirken durch die bedruckten Baumwollstoffe und die darauf abgestimmten Posamentenknöpfe.
Helene Weinold,
Die Knopfwerkstatt, Violau

077
Handtasche, 2017

Die Upcycling-Tasche aus einer alten Jeans ist mit Blüten aus Stoffresten und Zwirnknöpfen verziert. In die Gürtelschlaufen ist ein Band aus Futterstoff gezogen und verschleift.
Christine Linder, Lamerdingen

078
Handtasche, 2016

Die Umhänge-Tasche aus einer alten Jeans ist liebevoll, bunt und detailreich mit diversen Applikationen, Borten, Spitze, aufwendigen Stickereien und Posamentenknöpfen verziert.
Birgit Walkowiak, Emmering

079

Taillentasche, 2016

Das berüschte, bestickte, beknopfte und mit Occhispitze verzierte „Strunztäschchen" zum Umbinden ist als Handarbeitsmuster auf der Trachten-Werk-Woche 2016 in Babenhausen entstanden.
Brigitte Mayr-Seidl, Bernried

080

Handtasche, 2013/2015

Das Design der handgefilzten Umhängetasche mit großer Patte wird durch eine voluminöse Blüte bestimmt, die aus Filzteilen gewickelt und mit einem Knopf aus Farbverlaufsgarn verziert ist.
Kathrin Robl, Falkenstein

081
Handtasche, 2016

Die gefilzte Tasche mit Tragehenkeln ist dekoriert mit einer rüschengerahmten Applikation aus Stoffblüten, Perlen und Posamentenknöpfen, die ursprünglich als Statement-Kette getragen wurde.
Christine Linder, Lamerdingen

082
Beuteltasche, 2016

Die praktische Tragetasche hat große samtige Griffe. Sie bietet viel Platz durch beidseitig eingearbeitete Kellerfalten, die jeweils als Highlight durch einen farblich passenden Knopf gekrönt sind.
Birgit Walkowiak, Emmering

Nützliches

083
Serviettenringe, 2017

Zwei weiße Filzstreifen mit Klettverschluss dienen hier nicht nur als Halterung für Servietten. Sie setzen auch zwei schwarz-weiße Knöpfe in Szene. Einer ist wie ein Schwälmer Hutknopf gefertigt, der andere ist ein Zwirnknopf, in den kleine Glasperlen eingearbeitet wurden.
Brigitte Mayr-Seidl, Bernried

084
Klammer, 2015

Mit einem filigran bestickten Zwirnknopf und Washitape versehen, ist die Holzklammer nicht nur praktisch als dekorativer Verschluss von offenen Tüten oder Geschenkverpackungen, sondern auch als Notizenhalter oder wie hier als Visitenkarten-Klemme. Wer genau hinsieht, findet das Zwirnknopf-Sträußchen mehrfach im Bild.
Sandra-Janine Müller, Posamentenknopf-Manufaktur, Waldstetten

085

Zwei Kissen, 2015

Ein schlichter Glatter Knopf dient in der Mitte des Sofakissens als Polsterknopf und ist über kleine Bandschleifen durch alle Lagen angenäht, Garnbüschel betonen die Kissenecken. An den Enden des selbst gedrehten Schleifenbands zieren Macarons aus Zwirnknöpfen die bunte Nackenrolle.
Monika Hoede, Kirchheim

086

Puppe, 2017

Aus Stoff- und Wollresten ist diese einfache „Wawünschi"-Puppe mit kunterbuntem Haarschopf entstanden.
Ein kleines Umhängetäschchen mit Patte, gehäkeltem Trageriemen und Platz für einen kleinen Wunschzettel oder ein Erinnerungsstück bringt einen winzigen Zwirnknopf zur Geltung.
Gabriele Salevsky, Simmelsdorf

087
Uhr, 2015

In den hölzernen Stickrahmen ist ein bedruckter Baumwollstoff gespannt. Zwölf Glatte Knöpfe, im Farbverlauf des Regenbogens gewickelt und jeweils Ton in Ton gehalten, stehen für die Ziffern der Uhr. Sie sind am Rand entlang auf den Stoff aufgenäht.
Helene Weinold, Die Knopfwerkstatt, Violau

088
Schlüsselanhänger, 2017

Ein Glatter Knopf mit kreuzförmigem Muster, in der Literatur als „Death's Head-Button" bekannt, wurde hier mit einer Einfassung und einer Fadenöse versehen. In diese ist ein Haken mit einem Schlüsselring eingehängt.
Gabriele Salevsky, Simmelsdorf

089
Stoffkorb, 2016

Das raffiniert aus Stoffteilen geflochtene Körbchen wirkt wie eine geöffnete Tulpen- oder Lotusblüte. Zusätzliche Highlights stellen die aufgesetzten Posamentenknöpfe dar, die den Korb nicht nur verzieren, sondern auch in der gewünschten Form fixieren.
Birgit Walkowiak, Emmering

090
Spanschachtel, 2016

Das kleine Spankästchen lässt an ein Törtchen denken. Es ist mit Washitape und einer Borte beklebt. Obenauf sitzt ein Filzpolster, das mit zweierlei Rüschen und kleinen Perlen besetzt ist. Die Mitte ziert ein Sternknopf mit farbigen Messerspitzen und Perle.
Sandra-Janine Müller, Posamentenknopf-Manufaktur, Waldstetten

092
Zwei Nadelkissen, 2015

Die beiden Nadelkissen sind aus unterschiedlichen Grundformen genäht. Beide haben eine edle Mittenverzierung – einmal einen winzigen Augsburger und einmal einen bunten Viktorianischen Knopf. Hingucker sind zudem die Schnürung aus selbst gedrehter Kordel und die geschlungenen Spikatknoten bzw. Zweifelknöpfe in den Kissenecken.
Monika Hoede, Kirchheim

091
Nadelkissen, 2016

Zwei runde Stoffkreise mit Wendeöffnung aufeinander genäht ergeben eine gute Möglichkeit, um Fadenreste sinnvoll zu verwerten. Mit ihnen wird das Kissen gestopft. Durch die anschließende Schnürung und den Besatz mit einem Zwirnknopf erinnert es an eine Blüte.
Helene Weinold, Die Knopfwerkstatt, Violau

093
Reisespiel, 2017

Das transportable Mühle-Spiel ist nach römischem Vorbild als Säckchen gestaltet. Auf den kreisrunden Walkstoff ist das Spielbrett mit Zickzackstichen aufgenäht. Am Rand kann der Beutel mit einer Kordel zusammengezogen werden. Als Spielsteine dienen einfarbige Knöpfe im „Triangle-Wrap"-Muster.
Brigitte Mayr-Seidl, Bernried

094
Zwei Grußkarten, 2016

Die beiden Klappkarten sind aus Kartonpapier gefertigt. Mit goldener Lackfarbe ist ein weihnachtliches Krippenmotiv aufgemalt. Darüber sind Sterne aus Sternknöpfen bzw. bestickten Zwirnknöpfen aufgenäht, wobei je einer mit einem gestickten Schweif versehen ist.
Elisabeth Mairhanser, Vierkirchen

Dekoratives

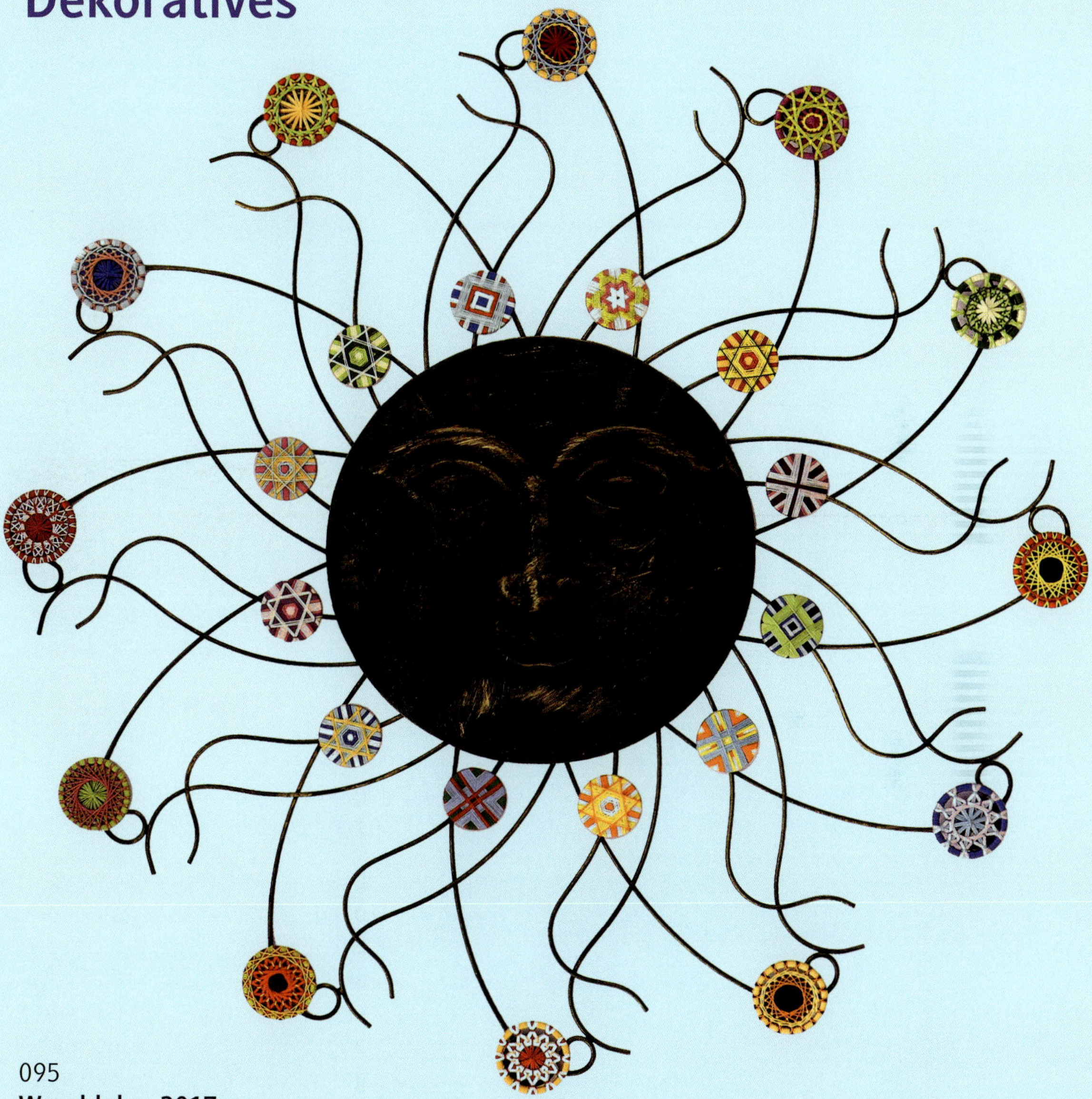

095
Wanddeko, 2017

Um das Zentrum der großen Metallsonne sind auf die Sonnenstrahlen Knöpfe in den klassischen Grundmustern aufgenäht, in einem äußeren Kreis Zwirnknöpfe in unterschiedlichen sternförmigen Varianten. Die Idee zu dieser Umsetzung stammt von einem knopfbegeisterten 90-Jährigen.
Birgit Walkowiak, Emmering

096
Stickbild, 2017

Das textile Bild zeigt einen blühenden Baum aus kleinen bunten Posamentenknöpfen, die aus feinem Garn gefertigt sind. Hintergrund und Wiese bestehen aus Leinenstoffen in unterschiedlicher Farbe, Baumstamm und Grashalme sind aufgestickt. Im Rasen leuchten helle Perlmutt- und Zwirnknöpfe wie kleine Blüten.
Birgit Walkowiak, Emmering

097
Stickbild, 2017

Auf einen mit hellem Leinenstoff bezogenen Untergrund sind die Umrisse eines Gesichts aufgestickt. Den Kopf krönt eine Frisur aus vielen bunten Posamentenknöpfen. Zusätzliche Hingucker bieten sowohl zwei Strasssteinchen, die an Ketten über den Ohren baumeln als auch der Besatz aus drei winzigen Zwirnknöpfen am Halsausschnitt.
Birgit Walkowiak, Emmering

098
Zwei Figuren-Anhänger, 2015

Bunte Filzschnüre, Holzperlen und gefärbte Schafwolle sind hier zu zwei kleinen Püppchen auf einen Faden gezogen. Auf dem Kopf trägt jede Puppe einen „Hut" aus einem farblich abgestimmten Zwirnknopf.
Sabine Krump, die Knopfmacherin, Ried in der Riedmark

099
Bilderrahmen, 2015

Der wattierte und mit Stoff bezogene Bilderrahmen ist in den Ecken mit Posamentenknöpfen besetzt, die die vier Hauptwickeltechniken erläutern. Jeweils die erste Wicklung nach dem Grundgerüst bzw. die letzte Runde sind zur Veranschaulichung farbig gestaltet. Auf der Rückseite des Rahmens ist eine schmale Webborte als Aufhänger angenäht.
Monika Hoede, Kirchheim

100
Zwei Gartenstecker, 2017

Das Kloeppellädle aus Wörleschwang vertreibt Metallteile wie die hier verwendeten Formen „Ellipse" und „Regenbogen" samt passenden Klöppelbriefen. In Kombination mit vielfältig gemusterten Klöppelteilen und farbenfrohen Knöpfen entstehen dekorative Stecker für den Garten.
Gemeinschaftsarbeit des Handarbeitskreises der Trachtenkultur-Beratung, Krumbach

101
Gartenstecker, 2017

Besonders prächtig wirken bei diesem Gartenstecker die in mehreren Lagen aufgeschlagenen und vielfach überstickten Zwirnknöpfe, die über Armreifen gezaubert wurden.
Eva Knoll, Langenneufnach (Klöppelarbeit) und Monika Hoede, Kirchheim

102
Mobile, 2017

Abb. und Beschreibung siehe Seite 193.

103
Tischdeko, 2015

Diese Dekorationsidee entstand als Beitrag zum Buch „Die ganze Welt der Knöpfe“. Aus einem Milchkännchen ragen drei Stoffblüten an Drahtstängeln mit Filzblättern. In der Mitte sind sie jeweils mit einem Posamentenknopf verziert, für den neonfarbenes Wollgarn und Goldgarn zum Einsatz kamen. Bei leichter Erschütterung nicken die Blumen wie im Wind.
Sandra-Janine Müller,
Posamentenknopf-Manufaktur

104
Vier Mandala-Knöpfe, 2017

Tellergroße Topfuntersetzer aus Holz dienten diesen Riesenknöpfen als Rohlinge. Mit Soutache, Kordeln und Gimpen sind die sehr aufwendigen Knöpfe in den wichtigsten weiterführenden Techniken gestaltet: gewebter fünfzackiger Zauberstern, Augsburger Knopf mit Flügelchen, Sternknopf mit Gorl, Spiegeleinlage und Einfassung sowie „Diamond Square“ mit Webung.
Monika Hoede, Kirchheim

Knopfpräsentation

105
Schaukasten, 2014

Die kleine Vitrine ist mit nostalgischem Papier verkleidet und präsentiert neben ganz klassischen Knopfarten auch Muster, die Monika Hoede im Jahr 2014 neu entwickelt bzw. neu nachgearbeitet hat. In der verschlüsselten Nummerierung verbirgt sich ein Hinweis auf den Herstellungsaufwand der Knöpfe.
Monika Hoede, Kirchheim

106
Schaukasten, 2016/2017

Im vertieften Rahmen ist ein Teil der Knöpfe ausgestellt, die Linda Emmerling für den Erwerb ihres Knopfmacher-Zertifikats erschaffen hat. Hierfür entwarf sie auch einen Knopf mit Einfassung und eingewebtem „fränkischen Rechen". Er ist in eine detailreich per Hand gestaltete Titelkartusche integriert.
Linda Emmerling, Nürnberg

Knopfmacher
ZERTIFIKAT
LINDA EMMERLING

108

Schautafel, 2016

Die gerahmte Tafel diente als Werbung und Vorschau für das Fortbildungsangebot der Trachten-Werk-Woche 2017. Die Knopfmachergruppe behandelte unter Leitung von Sandra Müller das Thema „Posamentenknöpfe deluxe“ mit anspruchsvollen Techniken. Die Beispielknöpfe sind nach den Tageszielen der Woche zusammengestellt.
Sandra-Janine Müller, Posamentenknopf-Manufaktur, Waldstetten

107

Schaukasten, 2014

Unter einem Holzrahmen sind hinter Glas in einem kleinen Kästchen vier Zwirnknöpfe arrangiert: ein klassischer einfarbiger Kranzknopf, ein zweifarbiger sternförmig gemusterter Knopf, ein viermal aufgeschlagener Knopf mit Stern in der Mitte und Stickerei außen sowie ein Zwirnknopf mit eingestickten Tulpen.
Sabine Krump, die Knopfmacherin, Ried in der Riedmark

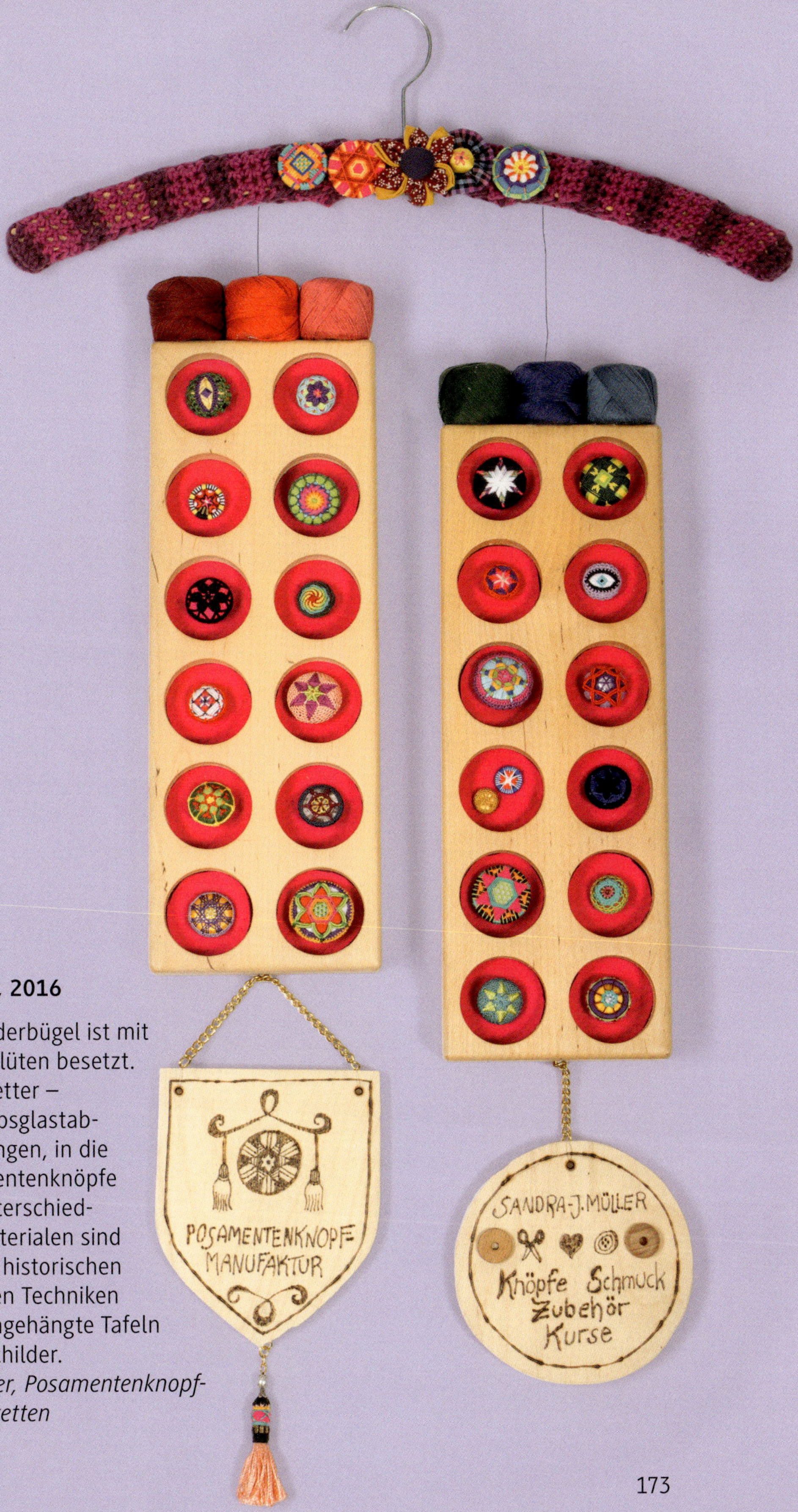

109
Zwei Schaukästen, 2016

Der umhäkelte Kleiderbügel ist mit Knöpfen und Stoffblüten besetzt. Er hält zwei Holzbretter – ursprünglich Schnapsglastabletts – mit Vertiefungen, in die aufwendige Posamentenknöpfe eingesetzt sind. Unterschiedliche Garne und Materialen sind in variantenreichen historischen und selbst erdachten Techniken verarbeitet. Zwei angehängte Tafeln erinnern an Zunftschilder.
Sandra-Janine Müller, Posamentenknopf-Manufaktur, Waldstetten

110
Zertifikats-Kasten, 2016

Die 99 zum Erwerb des Knopfmacher-Zertifikats angefertigten Knöpfe hat Helene Weinold in unterschiedlichen Größen, Farben und Materialien ausgeführt. Um sie zuordnen zu können, hat sie jeden Knopf mit entsprechender Nummer und einem Etikett versehen. Der Holzkasten ist in ihrer Lieblingsfarbe bemalt und auf dem Deckel in nostalgischem Stil mit „Knöpfe" beschriftet.
Helene Weinold, Die Knopfwerkstatt, Violau

111
Zertifikats-Kasten, 2016

Ein altes hölzernes Nähkästchen wurde zum Musterkasten umfunktioniert, um die einzelnen Themenbereiche des Knopfmacher-Zertifikats übersichtlich zu präsentieren. Die nach Gruppen aufgeteilten Fächer und Pappkarten sind mit Stoff ausgekleidet bzw. bezogen. In den Knauf des Kastens ist ein Posamentenknopf eingearbeitet und an den Seiten ein Trageband angebracht.
Sandra-Janine Müller, Posamentenknopf-Manufaktur, Waldstetten

112

Zertifikats-Ordner, 2017

Um ihre vielen Knöpfe für das Knopfmacher-Zertifikat transportabel zu präsentieren, hat Gabriele Salevsky einen Ordner mit Polsterstoffen bezogen.
Damit die Rückseiten der Knöpfe ersichtlich sind, hat sie jeden Knopf flexibel an einem Faden befestigt, der in der stoffbezogenen Seite verschwindet und in einem kleinen genähten Täschchen endet.
Gabriele Salevsky, Simmelsdorf

113
Couchtisch, 2015

Der ehemalige Setzkasten aus einer Druckerei wurde hier durch einen Unterbau und eine Plexiglasplatte zum Couchtisch. In die einzelnen Fächer sind bunte Filzstücke eingepasst und setzen die Knopfschätze in Szene. Die meisten der Knöpfe sind 2015 im Rahmen von Helene Weinolds Facebook-Projekt „One Button a Day" entstanden.
Helene Weinold, Die Knopfwerkstatt, Violau

Einzelknöpfe

114
Fünf Bändchengarn-Knöpfe, 2018

Die relativ großen Knöpfe sind aus flachem japanischen Garn mit bändchenartiger Wirkung gefertigt. Sie spielen alle mit der Ottobeurer- bzw. Viereck-Wicklung. Durch das breite Grundgerüst wird besonders die Knopfmitte definiert, die hier durch Streifen, Webkaros und Füllwicklungen unterschiedlich gestaltet ist.
Cornelia Lovermann, Friesenried

115
Mantelknopf, 2015

Dieser Knopf erinnert an einen Spikatknopf, seine Wicklungen sind in vier breiten Touren miteinander verwebt. Blaues Wollgarn folgt als Begrenzung silberglänzender Gimpe und bringt das Muster zur Geltung.
Annemone Zamoscik, Mering

116
Upcycling-Knopf, 2016

Ein alter Plastikknopf aus dem Nähkästchen bekam hier ein zweites Leben als Posamentenknopf-Rohling. Mehrere Lagen in Viereckwicklung schachteln sich plastisch übereinander und erzeugen eine Tiefenwirkung.
Veronika Schmidt, München

117
Zwei Pappscheiben-Knöpfe, 2018

Dicke Pappscheiben, die eigentlich für Teddybärgelenke gedacht sind, dienen hier als Knopfrohlinge und schimmern zwischen den Fäden hervor. Links ist ein viertouriges Grundgerüst bewickelt und in den Abständen mit breiten Wicklungen ausgefüllt. Rechts sind zwei zweitourige Grundgerüste übereinander gelegt, abwechselt bewickelt und zuletzt mit einer Schnürung versehen.
Annemone Zamoscik, Mering

119
Buffalo Diamond, 2017

Ein gewölbter Knopfrohling ist über einem zweifarbigen viertourigen Grundgerüst zunächst nach Ottobeurer Wicklungsart von außen nach innen ausgeführt. Dann wurde von innen nach außen gearbeitet, und die Fäden wurden in Treppenform eingewebt. Gina Barrett nennt dieses Muster „Buffalo Diamond“, vielleicht, weil es an die traditionellen Muster der Prärieindianer erinnert.
Linda Emmerling, Nürnberg

118
Grafischer Knopf, 2016

Über zwei schmalen Eckankern baut sich eine besondere Variante des Ottobeurer Knopfes auf, die mit aufgefächerten und gebündelten Fäden spielt. Obenauf liegende, schräg angesetzte Wicklungen sind mit Kreuzstichen fixiert und geben dem Knopf eine grafische Optik.
Annemone Zamoscik, Mering

120
Doppelviereck-Knopf, 2017

Die Viereckwicklung von innen nach außen gestaltet die Mitte des gewölbten Knopfes. Der Rand ist spiralförmig zugewebt („geschneckt“), sodass sich eine grafische Optik ergibt. An den Eckankern des Grundgerüsts verhindern die Webungen nicht nur das Verrutschen des Musters, sondern stellen als filigrane flügelartige Muster ein zusätzliches Gestaltungselement dar.
Monika Hoede, Kirchheim

121
Drei Streifen-Knöpfe, 2018

Über einem zweitourigen Grundgerüst und einigen Runden Viereckwicklung sind die ausfüllenden Wicklungen gestreift ausgeführt und miteinander verwebt, sodass ein Knopfmuster mit Tiefenwirkung entsteht.
Elisabeth Schwaiger-Lipp, Winterbach-Waldkirch

122
Bildknopf, 2016

Aus der Technik des historischen Rautenknopfes entwickelte sich die Idee des Bildknopfes mit immer filigraneren Webmustern. Aus Rauten wurden bald Herzen, Totenköpfe, Noten, Katzen und Scheren mit Rosenblüten. Als Webgrund dient stets eine möglichst breite flächige Tour über einem schmalen Grundgerüst, in die eine zweite Tour Faden für Faden eingewebt wird.
Sandra-Janine Müller, Waldstetten

124
Windrad-Knopf, 2018

Das Zieldesign des Knopfes kommt erst durch die Kombination mit Schwarz zum Vorschein. Das Grundgerüst ist in einzelne Kreisausschnitte aufgeteilt, die in der Mitte als Block miteinander verwebt sind. Durch den eingewebten schwarzen Stern und einzelne schwarze Fäden, die den Touren folgen, wirkt das Knopfzentrum wie ein kunterbuntes Windrad.
Elisabeth Schwaiger-Lipp, Winterbach-Waldkirch

123
Drei Reflektor-Knöpfe, 2015

Die drei Knöpfe sind mit reflektierendem Beilaufgarn gefertigt und zierten ursprünglich einen Adventskranz, der später zum Türkranz wurde: gewickelter achtzackiger Stern mit eingestickten Blüten, sechszackiger gewickelter und gewebter Stern mit zusammengefassten Kreuzungspunkten, Klassiker-Variante über einem Kuppelrohling.
Monika Hoede, Kirchheim

125
Drei Reste-Knöpfe, 2017

Als „Restles-Knöpfe" bezeichnet Annemone Zamoscik ihre Knöpfe, bei denen sie kurze Fadenstücke aus dem Abfall ihrer Knopfproduktion verarbeitet. Für jede Runde wird neu angesetzt. So entstehen bunt gestreifte Knöpfe, hier im gewebten Sternmuster mit oder ohne nachträgliche Schnürung.
Annemone Zamoscik, Mering

126
Schwarz-Weiß-Gruppe, 2018

Sechs Knöpfe in der gleichen Farbzusammenstellung, aber in ganz unterschiedlichen Techniken und Größen vereinen sich hier zu einer kleinen Kollektion Ton in Ton: vom winzigen schlichten Wäscheknopf und bestickten Zwirnknopf über zwei Varianten des gewebten Sterns, bei dem das Gründgerüst in sich verwoben ist, bis zu zwei riesigen Zwirnknopfsternen.
Elisabeth Schwaiger-Lipp, Winterbach-Waldkirch

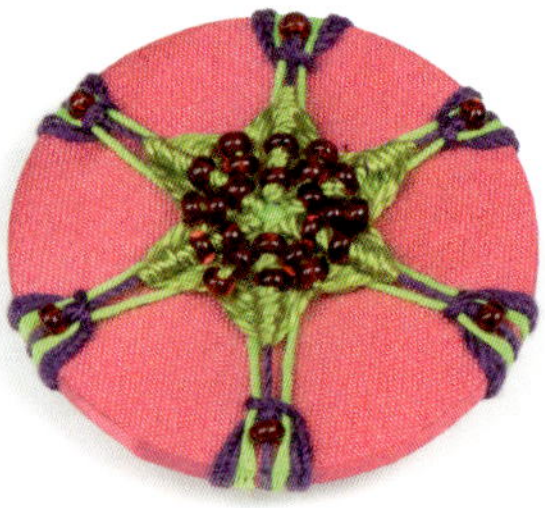

127
Perlen-Knopf, 2016

Mit einem Stoffkreis aus glänzendem Taft ist eine Holzscheibe bezogen. Diese Grundlage ist mit einem zweifarbigen Fadengerüst überspannt, das anschließend mit Rückstichen ausgestickt wurde. Besondere Akzente setzen Perlen, die auf die Arbeitsfäden aufgezogen und mit eingearbeitet sind.
Claudia Seyfried, Memmingen

128
London-Star und Fünfzack, 2017

Der große Sternknopf ist nach Art des von Gina Barrett publizierten „London Star" gestaltet. Für akkurate Messerspitzen und schneckenförmig eingewebte Runden um den Stern ist ein gleichmäßiges Verteilen der Fäden besonders wichtig. Der kleinere Knopf ist ein gewebter fünfzackiger Stern.
Cornelia Lovermann, Friesenried

129
Seidenknopf, 2017

Historische Knöpfe auf alten Musterkarten des Posamentierer-Gewerbes inspirierten zu diesem Modell aus feinem Seidenfilamentgarn und Knopflochseide. Über einer glänzenden Fadengrundlage sind um ein Garngerüst Rückstiche gelegt, in die treppenförmig eingewebt wurde. Auch der eingezogene Rahmen ist von unten mit Webungen überspannt.
Sandra-Janine Müller, Waldstetten

131
Seidenknopf, 2014

Glänzendes Filamentgarn lässt diesen gewölbten Seidenknopf aus einer der wenigen noch bestehenden Posamentenwerkstätten besonders edel und hochwertig wirken. Der Knopf ist nach historischer Technik in glatter Musterart umlegt, nicht umwickelt. Das Garn für die Oberseite kommt unter Spannung von einer Spule, es wird mit einem stabilen Faden auf der Knopfunterseite verdreht und wieder über die Oberseite gespannt. So wird das wertvolle Seidengarn gespart.
Simone Howe, Posamenten-Müller, München

130
Zwei Viktorianische Knöpfe, 2017

Durch die Verwendung von Perlen und Goldgarn muten die beiden Knöpfe nach viktorianischer Machart orientalisch an. Ein Knopf hat eine Grundlage aus Stoff, der andere aus Fäden. Darüber ist ein Gerüst gespannt und ausgestickt. Das Zentrum ziert eine Perle, die durch das Mittelloch des Rohlings angenäht ist.
Cornelia Lovermann, Friesenried

132
Drei Trauerknöpfe, 2014

Diese Knöpfe sind im Andenken an Altbezirkstagspräsident Dr. Georg Simnacher entstanden, ohne den es die Trachtenkultur-Beratung und somit auch solche Knöpfe nicht geben würde. Sie sind mit schwarzem Seidengarn und naturfarbenem handgesponnenem Leinengarn aus Ziemetshausen gearbeitet. Vorbilder waren historische Westenknöpfe aus Krumbach, dem Ries und Ottobeuren, so wie sie das Titelblatt der Publikation „Posamentenknöpfe" zieren.
Monika Hoede, Kirchheim

133
Knopf mit Languettenstickerei, 2017

Ein zweifarbiges viertouriges Grundgerüst ist einige Runden wie für einen Glatten Knopf gewickelt. Der Rest des Knopfes ist plastisch ausgefüllt durch eine mit Rück- und Languettenstichen ausgestickte Tortenschnürung. Unter diese wurde zuletzt am Knopfrand ein Rahmen aus parallel verlaufenden Fäden eingezogen.
Linda Emmerling, Nürnberg

134
Neon-Gorl-Knopf, 2016

Neonpinkfarbenes Sockengarn ist als Grundlage in Sternknopfwicklung auf einen gewölbten Rohling aufgebracht. Eine aufliegende Schnürung ist mit Languettenstichen in Form von Blütenblättern verziert. Dem Sternumriss folgen zwei Reihen auf dem Knopf gedrehter Gorl. Darin eingehängt verlaufen weitere Gorl-Runden Richtung Knopfunterseite. Sie sind wie die in Diderots Enzyklopädie genannten „Bäckchen" ausgeführt.
Sandra-Janine Müller, Waldstetten

135

Schaumburger Knopf

Von den traditionellen Knöpfen seiner Heimatregion inspiriert, fertigte der Volkskundler und Trachtenexperte Jürgen Sturma einen klassischen Sternknopf mit überwebten Spitzen und einem Folienspiegel, der mit Metallgarn aufgebracht ist. Dieses ist an den Kanten unsichtbar, da es von der Languetteneinfassung verdeckt wird, die in die Sternspitzen eingezogen ist.
Jürgen Sturma, Minden

136

Staphorster-Variante, 2017

Eine Tortenschnürung liegt über einem gewölbten viertourigen Glatten Knopf, dessen Wicklungen über drei statt über vier Touren angelegt sind und so die Mitte frei lassen. Sie ist mit Rückstichen um die Schnürung ausgefüllt. In die Wicklungen aus Effektgarn mit Lurex sind nach Art des Staphorster Knopfes Dreiecke eingewebt.
Claudia Seyfried, Memmingen

137

Silber-Knopf mit Languettenstickerei, 2017

Edles mehrfädig verwendetes Garn aus Echtsilber bestimmt das Design dieses Knopfes. Der Glatte Knopf ist nach Art des Krumbacher Knopfes mit Languettenstichen überstickt und mit einer Kanteneinfassung versehen. Die Mitte fixieren und zieren kleine Rückstiche.
Monika Hoede, Kirchheim

138

Netzstern-Knopf, 2016

Ein großer Knopfrohling ist mit einem wabenförmigen Netz in der Mitte gestaltet, dafür werden zwei Touren gewickelt, die dritte darin wie bei einem Stuhlgeflecht eingewebt. Unter ihnen schimmert eine Spiegeleinlage durch. Der Rest des Knopfes ist mit spiralförmig eingewebten Messerspitzen und anderen Formen ausgefüllt und mit einer Kanteneinfassung aus weiten Languettenstichen versehen.
Helene Weinold, Violau

139

Blumenwiesen-Knopf, 2017

Dieser besonders große Knopf vereint in sich viele verschiedene Knopfmacher-Techniken und Muster. Die Vorgehensweise des Zwirnknopfaufschlagens wurde auf ihn übertragen. Sie hat dazu inspiriert, ein Gerüst zusätzlich obenauf zu wickeln und die Sternwicklung doppelt auszuführen. Hinzu kommen Punktstiche, Rückstichstickerei und die Kanteneinfassung aus Languettenstichen.
Monika Hoede, Kirchheim

140
Maxi-Sternknopf, 2018

Auf farbenfrohe und besonders künstlerisch gestaltete Knöpfe hat sich Jutta Kohlbeck verlegt, die über zumeist recht großen Rohlingen unterschiedliche Techniken kombiniert. Hier ein achttouriger Sternknopf über sechzehn Eckankern, „geschneckt“ mit mehreren Runden Messerspitzen und anderen Stickereien sowie einer wellenförmigen Kanteneinfassung.
Jutta Kohlbeck, Regensburg

141
Multitechnik-Knopf, 2017

Über einer punktförmig bestickten Fadengrundlage ist nach Art Viktorianischer Knöpfe ein Fadengerüst aufgebracht und mit Rückstichen überarbeitet. Zwischen den Speichen ist um die Mitte ein Kranz aus Perlen eingearbeitet.
Eine Einfassung aus Languettenstichen und „Bäckchen“, d.h. Bogen in Gorl-Technik umrahmen den relativ großen Knopf.
Brigitte Mayr-Seidl, Bernried

142
Olympia-Knopf, 2016

Das Logo der Olympischen Spiele war Vorbild für diesen Knopf. Ein besonders großer Ringrohling ist mit Languettenstichen ausgestickt, ebenso fünf kleine jeweils einfarbig bunte Ringe. An den Knötchen der Stiche sind die einzelnen Gestaltungselemente durch gespannte Fäden miteinander verbunden, die anschließend zu einem flächigen Hintergrund ausgestickt wurden.
Annemone Zamoscik, Mering

143
Zwirnknopf-Hase, 2017

In einen kleinen weißen Zwirnknopf ist ein Hasengesicht eingestickt. Um die Ohren deutlich zu machen, sind die Fäden nach dem Aufschlagen des Grundgerüsts am oberen Knopfrand mit Abstand verteilt. Anschließend sind der Rand und der Rest des Knopfes ausgearbeitet. Die Tasthaare aus dünnerem Garn stehen vom Gesicht des Hasen ab.
Gabriele Salevsky, Simmelsdorf

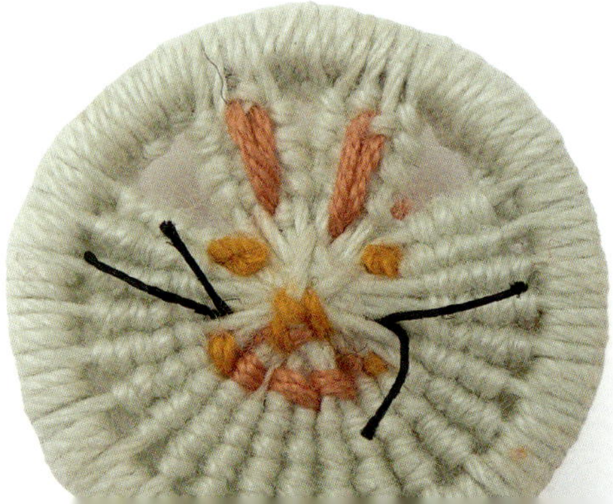

144
Bestickter Zwirnknopf, 2017

Ein dünner Metallarmreif diente hier als Knopfrohling. Das Grundgerüst ist strahlenförmig aufgefächert und von der Mitte nach außen in Form einer Blüte ausgestickt. Dabei sind die Blütenblätter asymmetrisch gestaltet. Die Knopfmitte ist mit kleinen Knötchenstichen bedeckt.
Gabriele Salevsky, Simmelsdorf

145
Wäscheknopf, 2017

Bei dem ganz klassischen schlichten Zwirnknopf, so wie er früher in Heimarbeit hergestellt wurde, sind die aufgeschlagenen Fadenbündel in der Mitte kreuzförmig aufeinander genäht und am Rand breit aufgefächert. Die Fadenanzahl ist so bemessen, dass am Ringrand jeweils ein Languettenstich zwischen zwei Fäden passt.
Sabine Krump,
Ried in der Riedmark

Dieser Begleitband zur Ausstellung „Knopfmacherei" ist auf Basis der Ausstellungstexte, Bilder und Objekte entstanden, einiges ist hinzugekommen.

Unsere Leihgeber:

Museen:
Dorfmuseum im Greifenhaus, Hausen bei Erlangen
Fichtelgebirgsmuseum Wunsiedel
Heimatmuseum Oettingen
Schwäbisches Handwerkermuseum, Augsburg
Stadtmuseum Nördlingen

Christoph Michel, Posamenten-Manufaktur, München

Private Leihgeber:
Walther Appelt, Marloffstein
Maria Dörfler, Forchheim
Linda Emmerling, Nürnberg
Markus Frick, Waldstetten
Monika Hoede, Kirchheim
Jutta Kohlbeck, Regensburg
Sabine Krump, Die Knopfmacherin, A-Ried
Klaus Lang, Gießen
Christine Linder, Lamerdingen
Cornelia Lovermann, Friesenried
Elisabeth Mairhanser, Vierkirchen
Brigitte Mayr-Seidl, Bernried
Sandra-Janine Müller, Posamentenknopf-Manufaktur, Waldstetten
Privatbesitz, Pfofeld
Kathrin Robl, Falkenstein
Gabriele Salevsky, Simmelsdorf
Veronika Schmidt, München
Elisabeth Schwaiger-Lipp, Winterbach-Waldkirch
Claudia Seyfried, Memmingen
Jürgen Sturma, Minden
Birgit Walkowiak, Emmering
Helene Weinold, Die Knopfwerkstatt, Violau
Annemone Zamoscik, Mering

Wir danken:

Janina Lindner für Ihre Ideen zur Ausstellungs-Gestaltung und die edlen Objekt-Vitrinen,
Andrea Perschl für die Mitgestaltung von Plakat und Wurfkarten,
unserer Praktikantin Karla Hoede
und allen Mitarbeitern, die tatkräftig mitgewirkt und mitgedacht haben:
Monika Chaudhry, Monika Hoede, Vera Kudlinski, Janina Lindner, Sandra-Janine Müller, Alois Walter, Antigoné Heimbach-Wiedemann.

102
Mobile, 2017

Fotos von besonders prächtigen Posamen-tenknöpfen sind doppelseitig aufeinander-geklebt, laminiert, rund ausgeschnitten und an Nylonschnüren befestigt. Diese sind mithilfe von Ringen an Drahtkleider-bügeln fixiert, die wiederum flexibel mit-einander verbunden sind. So entsteht eine schwebende Installation im freien Raum.
Trachtenkultur-Beratung Bezirk Schwaben (Idee und Umsetzung Janina Lindner), Krumbach

Bildnachweis

Verwendete Abkürzungen

li: links	o: oben
re: rechts	o u. u: oben und unten
M: Mitte	u: unten

Appelt, Walter: S. 17–19, 62, 63, 80, 82–88, 89o, 90–101, 102u, 103, 104M, 105M, 106, 107o, 108–110, 111 o u. u, 112u, 113o, 114, 115o u. u, 116, 117, 121o, 122re, 123, 126–134, 149–158, 159li, 160li, 162, 174–177, 193
Bayerisches Armeemuseum Ingolstadt: S. 20, 32
Bezirk Schwaben/Lighthouse Fotografie: S. 4
Drexel, Georg: S. 5–7, 35, 43, 45, 48, 54u, 64–67, 69, 72–77, 81, 102o, 104 o u. u, 105 o. u. u, 107u, 111M, 112o, 113u, 115M, 119, 120, 121u, 122li, 125, 135–148, 159re, 160re, 161, 165–173, 178–191
Gareis, Sabine, Nördlingen: S. 30
Handerer, Moritz, München: S. 33, 57u
Hoede, Monika: S. 13, 14, 89u
Deutsches Hugenottenmuseum, Bad Karlshafen: S. 42
Lang, Klaus: S. 44
Mindener Museum, Janna Bünck, 2020: S. 38, 39
Museum Bückeburg: S. 36
Museum Oberschönenfeld, Scans: S. 22–25
Stadt Nördlingen, Stadtbauamt: S. 27
Stadt Nördlingen, Stadtmuseum, Andrea Kugler: S. 28
Sturma, Jürgen: S. 118
Trachtenkultur-Beratung Bezirk Schwaben, Scans: Vorsatz vorne, S. 9, 11, 26, 29, 31, 46, 47, 49, 50–53, 54o, 55, 56, 57o, 58–60, 70, 71
Walkowiak, Birgit: 163, 164

Literaturauswahl

Anonymus: Ueber die im November 1834 zu München gehaltene Industrieausstellung (In: ZS Polytechnisches Journal, Jg. 1834, Band 54, Nr. LXVI, S. 303–427).

Anonymus: Ueber die im Oktober 1835 in München gehaltene Industrieausstellung (In: ZS Polytechnisches Journal, Jg. 1835, Band 58, Nr. LII, S. 322–356).

Arold, H.S.: Handbuch der Posamenten-Fabrikation. Leipzig 1914.

Barrett, Gina: Buttons. A Passementerie Workshop Manual. Leicestershire 2013.

Bianchi-Königstein, Meike: Kleidungswirklichkeiten. Mode und Tracht zwischen 1780 und 1910 in Oberfranken. Regensburg 2019.

Chiku Chiku Chidori: Thread button book (Language: Japanese). Japan, Tokyo 2019.

Dornbrach, Paul: Posamentier-Kunstgewerbe. Gründliche Anleitung zur Herstellung sämtlicher Möbelposamenten. Praktisches Lehrbuch […]. Dresden 1894.

Gandert, August/ Miehe, Brunhilde: Knopfmacher. In: Handwerk und Volkskunst in der Schwalm. Schwälmer Heimatbund, Schwalmstadt-Ziegenhain 1983, S. 161–164.

Gillmeister-Geisenhof, Evelyn: Stroje Ludowe S'rodkowej Frankonii. Trachten in Mittelfranken. Katalog zur Ausstellung in Polen. Slupsk 2004.

Gundlach, Mary: Knopfmacherhandwerk im Deutschen Hugenotten-Museum. ZS Hugenotten, 65. Jg. 3/2001, S. 81f.

Gürtler, Wolfgang: Knopfmacher. In: Reith, Reinhold: Lexikon des alten Handwerks. Vom späten Mittelalter bis ins 20. Jahrhundert. München 1990, S. 131–134.

Hahnemann, Ulrich: Die Geschichte der sächsischen Knopfindustrie. Ihr historischer Werdegang von der handwerklichen Fertigung von Knöpfen bis zur industriellen Massenproduktion im Zeitraum von 1763 bis 1933. Saarbrücken 2008.

Hoede, Monika et al.: Posamentenknöpfe. Augsburg 2014.

Jostes, Franz: Westfälisches Trachtenbuch. 2. Auflage. Münster 1962.

Julien, Rose: Die deutschen Trachten zu Beginn des 20. Jahrhunderts. München 1912.

Kaiser, Christoph: Die Tracht als veränderliche Kleidung. Beschrieben anhand der Trachten des Hessischen Hinterlandes, insbesondere der Tracht des Untergerichts des Breidenbacher Grundes. Landkreis Marburg-Biedenkopf. Norderstedt 2008.

Kamp, Silke: Die verspätete Kolonie. Hugenotten in Potsdam 1685–1809, Quellen und Forschungen zur Brandenburgischen und Preußischen Geschichte, Band 42. Berlin 2011.

Kilian, Ruth: Blicke auf das Ries. Land und Leute in der verwalteten Region. Nördlingen 2000.

Koelner, Paul: Die Safranzunft zu Basel und ihre Handwerke und Gewerbe. Basel 1935.

Leithäuser, G. A.: Lehrbuch für die gesamte Knopfindustrie. Praktischer Wegweiser und Leitfaden zur Herstellung von Knöpfen. Leipzig 1920.

Mackenzie, Althea: Buttons and Trimmings from Snowshill, one of the world's leading collections of costume and accessories of the 18th and 19th centuries. London 2004.

Miehe, Brunhilde: Der Tracht treu geblieben. Studien zum regionalen Kleidungsverhalten in Hessen. Haunetal/Wehrda 1994.

Ortloff, Johann Andreas: Corpus iuris opificiarii, oder Sammlung von allgemeinen Innungsgesetzen und Verordnungen für die Handwerker. Erlangen 1803.

Reith, Reinhold: Lexikon des alten Handwerks. Vom späten Mittelalter bis ins 20. Jahrhundert. München 1990.

Rodekamp, Volker/Sturma, Jürgen/Wischmeyer, Liesel: Trachten im Mindener Land, Faltblatt zur Dauerausstellung im Mindener Museum. Minden 1984.

Schramm, Hans: Die deutsche Knopfindustrie in Geschichte, Volkswirtschaft und Weltwirtschaft. Naunhof-Leipzig 1921.

Siegel, Eduin: Zur Geschichte des Posamentiergewerbes mit besonderer Rücksichtnahme auf die erzgebirgische Posamentenindustrie. Nach zahlreichen gedruckten und handschriftlichen Quellen. Annaberg 1892.

Sturma, Jürgen/ Wischmeyer, Liesel: Die Tracht des Mindener Landes. Ein Überblick über die Bestände des Mindener Museums für Geschichte, Landes- und Volkskunde. In: ZS Volkskunst. 11. Jg./ Mai 1988, S. 36–41.

Stürmer, Michael: Herbst des alten Handwerks. Meister, Gesellen und Obrigkeit im 18. Jahrhundert. München, Zürich 1986.

Wagner, Margarete: Handwerk um 1700. Holländische und deutsche Kupferstiche mit Beschreibungen von Christoph Weigel und Betrachtungen von Abraham a Santa Clara. Ausgewählt und eingeleitet von Margarete Wagner. Hürtgenwald 1985.

Archivalien

Bayerischer Landesverein für Familienkunde e.V., Schwäbische Hochzeitsbücher (Nördlingen, Ehenachrichten, St. Georg).

Ostenrieder, Dr. Petra: Knopfmacher, Bortenmacher und Posamentierer in Oettingen, Archivalische Nennungen, Zusammenstellung vom 17.12.08.

StA Mindelheim, Steigerwald, Andreas: Grundlegende Archivalische Quellen und Daten zur Geschichte der schwäbischen Tracht in Mindelheim und Umgebung, Zusammenstellung aus STAMind.: Inv.-Nr. III Fc I 4 „Stadtmagistrat Mindelheim: Gewerb- und Zunftwesen betr. 1823"; Inv.-Nr: III Fc I 22 „Acta des Magistrats der königlich bayerschen Stadt Mindelheim, betreff: Tabellarische Auszüge über sämtliche sich dahier befindlichen Handwerksgesellen und Lehrjungen, 1828"; Inv.-Nr. Fc 55 16 „Acten des Stadt-Magistrates Mindelheim betreff: Herstellung eines Gewerbe-Katasters 1858"; Inv.-Nr. Fc 55 15 „Acten des Magistrats der königlich bayerschen Stadt Mindelheim betreff: Die in Mindelheim bestehenden Gewerbe 1850–1862".

StA Nördlingen: Brief von Schneider Jos. Anton Martin, Huisheim, an Knopfmacher Joh. Vertsch, Nördlingen, 1736.

StA Nördlingen, Adressbücher, Hochzeitslisten, Familienbögen unter www.familysearch.org.

Störmer, Heinz-Dieter, Familienarchiv Familie Planet, Schwalmstadt.

Enzyklopädien

Denis Diderot/ Jean le Rond d'Alembert: L'Encyclopédie ou Dictionnaire raisonné des sciences, des arts et des métiers, Paris 1751 bis 1772, etc. University of Chicago: ARTFL Encyclopédie Project (Spring 2011 Edition), Robert Morrissey (ed), http://encyclopedie.uchicago.edu/.

Johann Georg Krünitz: Oekonomische Encyklopädie oder allgemeines System der Staats-, Stadt-, Haus- und Landwirthschaft, 1773–1858.

Johann Heinrich Zedlers Grosses vollständiges Universallexicon aller Wissenschafften und Künste, 1731–1754.

Neuestes Illustrirtes Handels- und Waaren-Lexicon oder Encyclopädie der gesammten Handelswissenschaften für Kaufleute und Fabrikanten. Herausgegeben von einem Verein praktischer Kaufleute, Erster Band. A–K, Leipzig 1856.

Pierer, Heinrich August (Hrsg.): Encyclopädisches Wörterbuch der Wissenschaften, Künste und Gewerbe, Band 23. Altenburg 1829.